Do it yourself

Bo Hanus

Wie Sie
Solarstrom
*für Camping, Caravan
und Boot nutzen*

● Moderne Solarzellen ● Solarenergie – Akkus ● Produktauswahl
● Montage und Hilfsvorrichtungen ● Praktische Bauanleitungen

Mit 56 Abbildungen

Franzis'

Die Deutsche Bibliothek – CIP-Einheitsaufnahme

Ein Titeldatensatz für diese Publikation ist bei der
Deutschen Bibliothek erhältlich

© 2000 Franzis Verlag GmbH, 85586 Poing

Alle Rechte vorbehalten, auch die der fotomechanischen Wiedergabe und der Speicherung in elektronischen Medien.
Die meisten Produktbezeichnungen von Hard- und Software sowie Firmennamen und Firmenlogos, die in diesem Werk genannt werden, sind in der Regel gleichzeitig auch eingetragene Warenzeichen und sollten als solche betrachtet werden. Der Verlag folgt bei den Produktbezeichnungen im Wesentlichen den Schreibweisen der Hersteller.

Satz: Kaltner Media GmbH, 86399 Bobingen
Druck: Offsetdruck Heinzelmann, München
Printed in Germany - Imprimé en Allemagne.

ISBN 3-7723-4104-7

Schnellübersicht

Strom aus den Solarzellen .... 8 — **1**

Solarzellen am Strand .... 24 — **2**

Solarstromnutzung beim Campen .... 33 — **3**

Solarstromnutzung im Caravan und Reisemobil ..... 41 — **4**

Solarstrom auf dem Boot oder auf einer Yacht ...... 51 — **5**

Wie funktioniert eine Solarzelle? .... 54 — **6**

Welches Solarmodul ist das richtige? .... 63 — **7**

Solarprodukte und Solarverbraucher .... 87 — **8**

Vorwort

Die Nutzung des Solarstroms ist auf dem privaten Bereich fast nirgendwo so vorteilhaft wie beim Campen in der Natur oder bei diversen anderen Freizeitaktivitäten in Gegenden, in denen es keinen Netzanschluss gibt.

Auch ein verbissener Romantiker kann sich ja heutzutage in den meisten europäischen Ländern fast nirgendwo ein kleines „Feuerchen" machen, um seinen Kaffee zu kochen oder seine Bohnen zu wärmen, wie es so mancher Trapper in den Filmen macht. Hier kommt gleich die Feuerwehr oder die Polizei und vorbei ist es mit der Wildwestromantik.

Wer mit seinem Caravan oder Reisemobil unterwegs ist, dem kann Solarstrom ebenfalls sehr kostbare Dienste leisten. Dasselbe gilt für ein Boot oder für eine Yacht.

Wann, weshalb und in welchem Umfang der Solarstrom genutzt wird, hängt sowohl vom individuellen Ermessen als auch von dem jeweiligen Bankkontoguthaben ab. Man kann jedoch klein anfangen, um etwas Erfahrung zu sammeln und danach so eine Minianlage ausbauen.

Wir wünschen Ihnen, dass Sie in diesem Büchlein alles finden, was Sie sich zu Nutzen machen können und dass Sie mit viel Spaß an die geplanten Vorhaben herangehen.

Ihr Autor Bo Hanus
und seine Mitarbeiterin
Hannelore H. A. Hanus-Walther

Inhalt

1	**Strom aus den Solarzellen**	8
1.1	Wie groß muss ein Solarmodul sein?	13
1.2	Akkus als Solarenergie-Speicher	20
1.3	Wechselrichter	23

2	**Solarzellen am Strand**	24
2.1	Solarbetriebene Kühlbox	24
2.2	Solarbetriebene Spielzeuge und Modelle	26
2.3	Boote mit Solarantrieb	28
2.4	Solarbetriebene kleinere Verbraucher	31

3	**Solarstrom beim Campen**	33
3.1	Solarbeleuchtung	33
3.2	Heizen mit Solarstrom	36
3.3	Kochen mit Solarstrom	38

4	**Solarstromnutzung im Caravan und Reisemobil**	41
4.1	Kühlen und Lüften mit Solarstrom	43
4.2	Solarstrom für die Beleuchtung	45
4.3	Heizen mit Solarstrom	46
4.4	Kochen mit Solarstrom	46
4.5	Alarmanlage	47

5	**Solarstrom auf dem Boot oder auf einer Yacht**	51

6	**Wie funktioniert eine Solarzelle?**	54
6.1	Welche Solarzellen sind die besten?	56
6.2	Der Zellen-Wirkungsgrad	59

Inhalt

7 Welches Solarmodul ist das richtige? 63
  7.1 Mechanische Ausführung der Solarmodule 64
  7.2 Richtige Ausrichtung und Nutzung der Solarmodule 66
  7.3 Serieller und paralleler Betrieb mehrerer Solarmodule 72
  7.4 Beschattungsempfindlichkeit der Solarmodule 76
  7.5 Solaranlagen-Berechnung 79
  7.6 Die Wahl der optimalen Modulen-Parameter 80

8 Solarprodukte und Solarverbraucher 87
  8.1 Solarlampen 87
  8.2 Elektromotoren für Solarbetrieb 89
  8.3 Solar-Ventilatoren 91
  8.4 Solar-Pumpen 91
  8.5 Elektrogeräte und Elektrowerkzeuge 92

1 Strom aus den Solarzellen

Elektrischer Strom gehört leider zu den „flüchtigen" Gütern, die sich nur schwer einfangen, einpacken und in den Urlaub oder auf einen Ausflug in die Natur mitnehmen lassen. Genau genommen fangen die Probleme so richtig erst dann an, wenn eine größere Menge elektrischer Energie benötigt wird, als die gängigen kleinen Batterien oder wiederaufladbaren Akkus „zweckorientiert" aufbringen können: in der Taschenlampe, im tragbaren Radio oder Fernseher, im Handy, im Elektrorasierer – oder im Caravan, Reisemobil, Boot, auf der Yacht oder am Campingplatz.

Überall dort, wo es keinen Netzanschluss gibt, bieten Solarzellen eine einfache und günstige Möglichkeit eigener Stromversorgung. Beim Campen, Wandern, Bergsteigen und bei vielen anderen Freizeitaktivitäten kann so ein eigener „Solarstrom-Generator" nützliche Dienste leisten, die auf andere Weise entweder gar nicht oder nur schwierig zu bekommen sind.

Die konkreten Anwendungen werden anschließend in den einzelnen Kapiteln beschrieben. Allgemein dürften die Nutzungsmöglichkeiten des Solarstroms in folgende Aufgabenbereiche eingeteilt werden:

- Solarlicht (Innen-/Außenbeleuchtung, Alarmbeleuchtung oder Alarmblitzlichter als Einbruchschutz)
- Solarversorgte akustische Geräte (Radio, Alarm-/Einbruchschutz-Sirene, Baby-Alarm, klangauslösender Annäherungsschalter)
- Solarbetriebene Heiz- und Kochgeräte (Kaffeekocher, Wasserkocher, Heizkissen, Mikrowelle)
- Solarbetriebene Kühlgeräte (Kühlbox, Kühlgerät im Caravan, Kühlschrank)
- Solarbetriebene Belüftungsgeräte (Gartenhaus, Gartenlaube, Gartenpavillon, Wochenendhäuschen, Schrebergartenhaus, Caravan)
- Solarbetriebene Pumpen und Elektromotoren (Springbrunnen, Mini-Wasserfall, Brunnenpumpe, Staubsauger)
- Solarbetriebene Gebrauchsgüter (Notebook, Schreibmaschine, Rasierapparat, Waschmaschine)
- Solarfahrzeuge (Kinderfahrzeuge, solarbetriebene Boote)
- Mit Solarstrom unterstützte Bildübertragung (Fernseher, Baby-Überwachung, Beobachtungen der Natur mit Funk-Kamera)
- Solargenerator für das Nachladen der „Bordbatterien" im Auto, Caravan, Reisemobil oder auf dem Boot

Die hier aufgeführten Beispiele dienen nur einer schnellen Vorstellung der konkreten Anwendungsmöglichkeiten, schöpfen jedoch bei weitem nicht die tatsächlichen Möglichkeiten der „außerhäuslichen" Solarstrom-Nutzung aus.

Strom aus den Solarzellen

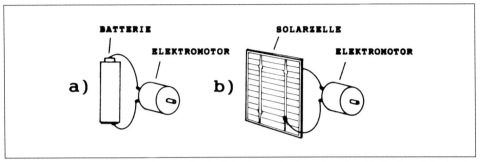

Abb. 1.1: Eine belichtete Solarzelle funktioniert ähnlich wie eine Batterie: a) Batterie-Motorantrieb b) Solarzellen-Motorantrieb

In den Kapiteln 6 und 7 werden die Eigenheiten der Solarzellen und Solarmodule noch näher erklärt. Vorerst genügt es, wenn wir uns eine Solarzelle – bzw. ein Solarzellenmodul (das aus mehreren Solarzellen besteht) – als eine Batterie *nach Abb. 1.1* vorstellen, deren Spannung und Leistung sowohl von der jeweiligen Beleuchtung als auch von der Größe der Zellenfläche abhängt.

Die Spannung einer *einzigen* Solarzelle beträgt bei optimaler Belichtung maximal nur ca. 0,46 bis 0,48 Volt (was im Vergleich zu der kleinsten Batterie als „ungewöhnlich" niedrig erscheinen dürfte). Dafür kann eine solche „spielkartengroße" und „spielkartendicke" Solarzelle (mit Abmessungen von 100 x 100 x **0,4** mm) einen Strom von bis zu 3 Ampere (oder sogar etwas mehr) liefern – was eine Batterie der gleichen „Körpermasse" bzw. des gleichen Gewichtes nicht im Entferntesten aufbringt.

Wie aus *Abb. 1.2* hervorgeht, können Solarzellen – ähnlich wie Batterien – in Reihe (in Serie) geschaltet werden, um eine höhere Ausgangsspannung zu bekommen. Im Gegensatz zu Batterien werden die Solarzellen üblicherweise bereits herstellerseits in der Form von Solarzellenmodulen (*Solarmodu-*

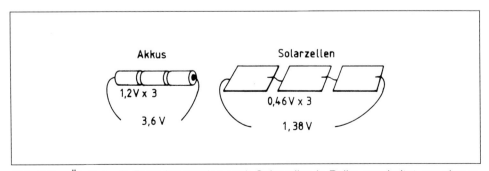

Abb. 1.2: Ähnlich wie Batterien werden auch Solarzellen in Reihe geschaltet, um eine erwünschte (höhere) Ausgangsspannung zu erhalten

Strom aus den Solarzellen

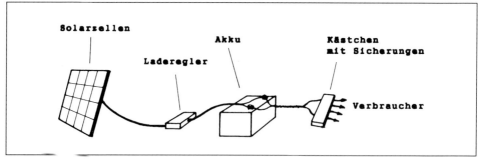

Abb. 1.3: Prinzipschaltung einer fotovoltaischen (solarelektrischen) Stromversorgung: Der Solarstrom wird als Ladestrom für einen Akku verwendet, der als Energiespeicher für die Solarverbraucher fungiert

len) angeboten, die bereits über eine „brauchbare" *Nennspannung* und *Nennleistung* (z.B. als „**18 Volt / 30 Watt**") verfügen. Gute *(kristalline)* Solarzellenmodule liefern dann diese *Solarspannung* und *Solarleistung* ca. 20 Jahre lang – was im Vergleich zu einer Batterie eine ganz „stolze" Lebensdauer darstellt.

Für eine bescheidene Stromversorgung – mit der sich auch die gängigen Solar-Taschenrechner zufrieden geben – genügt es, wenn die Solarzellen nur relativ wenig Licht (worunter auch Kunstlicht) erhalten, um sozusagen auf Sparflamme arbeiten zu können. Ansonsten ist für die meisten Anwendungen eine ausreichende „Dosierung" an Sonnenlicht notwendig. Mit Kunstlicht ginge es zwar auch, aber ein derartiger „Umweg" eignet sich nur für Testzwecke, denn normalerweise würde dies keinen Sinn ergeben.

Die übliche Anwendungsart der solarelektrischen Stromerzeugung als sogenannte „*netzunabhängige Inselanlage*" zeigt *Abb. 1.3*. Es handelt sich im Prinzip um dieselbe Art der Stromversorgung, wie bei einem jeden Auto – in dem allerdings (anstelle der Solarzellen) eine vom Automotor angetriebene „*Lichtmaschine*" den Ladestrom erzeugt.

Manche Verbraucher (z.B. Pumpen, Ventilatoren oder kleinere Wärmegeräte) können unter Umständen direkt vom Solarzellenmodul (Solarmodul) betrieben werden. Wenn beispielsweise eine Springbrunnenpumpe nach *Abb. 1.4* direkt vom Solarzellenmodul betrieben wird, hängt natürlich ihre Leistung von der jeweiligen Spannung und Leistung des Solarzellenmoduls ab. Eine solche Betriebsart eignet sich unter Umständen auch für sonnenscheinabhängiges Kühlen oder Lüften (Caravan-Belüftungsventilatoren), denn hier darf die Leistung mit der Sonnenschein-Intensität variieren.

Wesentlich besser ist jedoch in den meisten Fällen eine Solaranlage nach *Abb. 1.3*. Auf den ersten Blick scheint diese Lösung durch den zusätzlichen Laderegler und Akku aufwendiger bzw. kostspieliger zu sein, als eine direkte Stromversorgung. In Wirklichkeit ist

Strom aus den Solarzellen

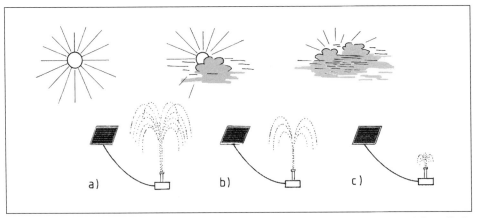

Abb. 1.4: Eine Springbrunnenpumpe kann ohne einen Energie-Zwischenspeicher direkt vom Solarzellenmodul betrieben werden, wenn man sich damit zufrieden gibt, dass ihre Leistung von der jeweiligen Intensität der Sonnenstrahlen abhängt: a) Bei strahlendem Sonnenschein ist die Pumpenleistung optimal. b) Bei leicht bewölktem Himmel nimmt die Pumpenleistung ab. c) Bei stärker bewölktem Himmel arbeitet die Pumpe entweder nur sehr dürftig oder gar nicht.

es jedoch in den meisten Fällen genau umgekehrt: Bei einer direkten Stromversorgung muss die Leistung des Solarmoduls auf den vollen Leistungsbedarf des angeschlossenen Verbrauchers abgestimmt sein. Bei einer Stromversorgung über einen Akku kann in den meisten Fällen die Leistung des Solarmoduls wesentlich niedriger sein, als der eigentliche Leistungsbedarf des Verbrauchers (bzw. der Verbraucher). Die meisten solarbetriebenen Verbraucher werden ja oft nur für eine kurze Zeit an den Akku angeschlossen.

Als Beispiel kann ein elektrischer Wasserkocher dienen: Der Akku (als Solarenergie-Speicher) muss hier groß genug sein, um den Kocher-Stromverbrauch für die vorgesehene Betriebszeit decken zu können. Da es sich hier jedoch jeweils nur um einige Betriebsminuten pro Tag handelt, kann die Leistung des Solarmoduls beispielsweise nur bei etwa 5% der Nennleistung des Wasserkochers liegen (vorausgesetzt, die solarelektrische Stromversorgung wird nicht auch noch anderweitig genutzt).

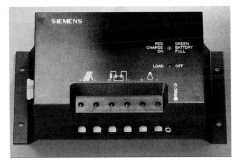

Abb. 1.5: Ausführungsbeispiel eines kleinen handelsüblichen Ladereglers

Wie annähernd jedem Autofahrer bekannt ist, reagiert eine Autobatterie „überempfindlich" auf zu tiefes Entladen. Ein einziges „zu tie-

Strom aus den Solarzellen

fes" Entladen einer Autobatterie genügt, um sie zu vernichten. Sie hält danach nicht mehr „die Spannung" bzw. kann nicht mehr die elektrische Energie akkumulieren.

Dies gilt allerdings nicht nur für die Autobatterie, sondern für alle Blei-Akkus. Um dies zu verhindern, wird bei Solaranlagen der Anlagen-Akku (der bis auf Ausnahmen als Blei-Akku ausgelegt ist) mit einem zusätzlichen **Tiefentladeschutz** nach *Abb. 1.6 / 1.7* versehen. Seine Aufgabe ist einfach: Er schaltet alle angeschlossenen Verbraucher ab, wenn die Akkuspannung auf ein gefährliches Minimum gesunken ist und schaltet sie (ebenfalls automatisch) erst dann wieder zu, wenn der Akku vom Solarmodul etwas nachgeladen wurde.

Abb. 1.7: Ausführungsbeispiel eines Tiefentladeschutz-Gerätes (Foto Conrad Electronic)

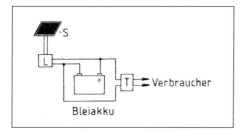

Abb. 1.6: Ein Bleiakku sollte grundsätzlich mit einem Tiefentladeschutz gegen zu tiefe Entladung geschützt werden; der Tiefentladeschutz **T** wird zwischen den Akku und die Verbraucher angeschlossen (**S** = Solarmodul, **L** = Laderegler)

Tiefentladeschutz-Geräte gibt es als selbstständige Bausteine, als Bausätze oder sie befinden sich – quasi als „Untermieter" – direkt im Gehäuse des Ladereglers (darauf ist beim Kauf eines Ladereglers zu achten). Sie sind vom Hersteller so ausgelegt, daß sie bei vorgegebenen Spannungsschwellen, die an sie angeschlossenen Verbraucher ab- und einschalten.

So geht z.B. aus den technischen Daten eines Tiefentladeschutzes hervor, dass die Verbraucher abgeschaltet werden, wenn die Batteriespannung (einer 12 V-Batterie) auf 11,1 V sinkt. Das ist die sogenannte *„Entlade-Schlussspannung"* (auch Entlade-Endspannung genannt). Der Tiefentladeschutz schließt hier die Verbraucher erst dann wieder an, wenn die Batteriespannung auf eine *Wiedereinschalt-Spannungsschwelle* von ca. 12,4 V nachgeladen wurde.

Zwischen der Spannungsschwelle, bei der es zum Abschalten kommt und der Spannungsschwelle, bei der die Verbraucher wieder zugeschaltet werden, liegt immer ein gewisser Spannungsunterschied. Dies ist dadurch bedingt, dass sich die Spannung eines Akkus nach Abschalten der Belastung immer automatisch etwas erholt, auch wenn kein Nachladen folgt.

Strom aus den Solarzellen

Wenn der Tiefentladeschutz bereits direkt im Laderegler integriert ist, dann werden die Verbraucher nicht an den Akku, sondern an Klemmen am Laderegler angeschlossen. Den Anwender braucht dabei nicht zu interessieren, auf welche Weise hier die Schaltungen innen ausgeführt wurden.

> Manche Solarverbraucher sind mit einem eigenen Tiefentladeschutz bereits vom Hersteller ausgestattet. Wenn an den Anlagen-Akku *nur* derartig geschützte Verbraucher angeschlossen werden, braucht dieser verständlicherweise keinen zusätzlichen Tiefentladeschutz.

Dass eine Autobatterie im Fahrzeug nur dann nachgeladen wird, wenn der Motor läuft, dürfte sich wohl herumgesprochen haben. Bei einer Solarstrom-Versorgung übernimmt das Solarzellenmodul die Aufgabe der „Lichtmaschine" (die als elektrischer Stromgenerator fungiert). Den Motor ersetzt hier die Sonne und der Solargenerator arbeitet somit kostenlos und verdient einen Teil der Investition zurück.

Einige Leser werden sich wohl die Frage nach der Zuverlässigkeit von so einer „Solarstrom-Versorgung" stellen. Gewissermaßen berechtigt, denn nicht alle Solar-Produkte funktionieren so zuverlässig, wie die bereits etablierten Solar-Taschenrechner. Theoretisch dürfte hier gelten, dass es nur von der optimalen Dimensionierung so einer „Anlage" abhängt, wie zuverlässig sie immer den benötigten Strombedarf decken kann. Praktisch wird es im individuellen Ermessen liegen, ob es sich bei dem einen oder anderen Vorhaben lohnt,

so eine „mobile" Stromversorgung ausreichend bis großzügig zu dimensionieren oder ob Kompromisse in Kauf genommen werden.

Wer „motorisiert" unterwegs ist, der wird zum Teil auch den Akku des Fahrzeuges für diverse Stromversorgung mitbenutzen oder einen Zweitakku auch von dessen Lichtmaschine aus direkt laden können.

1.1 Wie groß muss ein Solarmodul sein?

Schon für die Planungsüberlegungen ist es wichtig zu wissen, worauf man sich bei so einer mysteriösen Energiequelle „einläßt". Am interessantesten dürfte im Allgemeinen die Antwort auf die Frage sein, welche Leistung ein modernes Solarmodul pro Quadratmeter Modulen-Fläche aufbringen kann.

Gute moderne Solarmodule, die mit kristallinen Solarzellen bestückt sind, erbringen an einem sonnigen Tag eine Leistung von etwa 120 Watt pro Quadratmeter Modulen-Fläche. Auf nähere technische Details kommen wir noch in Kap. 7 zurück, aber vorerst hilft uns diese Auskunft weiter.

Es wurde bereits vorher erklärt, daß die benötigte Solarleistung auch davon abhängt, ob ein Direktbetrieb (vom Solarmodul zum Verbraucher) oder ein Betrieb über einen Zwischenspeicher (Akku) vorgesehen ist.

Wenn beispielsweise *nach Abb. 1.9 a* ein 12 V/3 A-Gleichstrom-Motor direkt vom Solarzellenmodul aus betrieben werden soll,

Strom aus den Solarzellen

Abb. 1.8: Solarzellenmodule sind in verschiedenen Größen und mit verschiedenen elektrischen Kenndaten erhältlich (Foto Conrad Electronic)

müßte das angewendete Solarmodul eine **Nennspannung** von **12 V** und einen **Nennstrom** von **3 A** liefern können (die benötigte Modulenfläche würde ca. 0,33 m², die Modulen-**Nennleistung** ca. **36 W** betragen).

Wird derselbe Motor von einem Akku *nach Abb. 1.9 b* betrieben, kann das Solarzellenmodul üblicherweise wesentlich kleiner sein – vorausgesetzt, es handelt sich um einen Motor, der nur sporadisch benötigt wird. In unserem Fall müsste das angewendete Solarzellenmodul aber eine „angemessen" höhere Ladespannung liefern können (anders könnte der Akku nicht geladen werden), aber der Modulen-**Nennstrom** dürfte wesentlich niedriger dimensioniert werden (wie niedrig, das hängt nur von der täglichen Betriebs-Zeitspanne des Motors ab). Die Modulenfläche des in Abb. 1.9 b eingezeichneten 16,5 V/0,4 A-Moduls würde nur ca. 0,055 m² und die Modulen-**Nennleistung** nur ca. **6,6 W** betragen.

Der Hinweis auf die Flächengröße dient hier nur der Vorstellung in Bezug auf das Unterbringen des Moduls (am Fahrzeugdach, im Kofferraum des Autos u.ä.). Die Modulen-**Nennleistung** ist nur eines der drei wichtigsten, elektrischen Modulen-Parameter, die folgendermaßen zusammenhängen:

> **Spannung [in Volt] x Strom [in Ampere] = Leistung [in Watt]**

Wenn einer von diesen drei Parametern von einem Hersteller (bei den technischen Daten

Strom aus den Solarzellen

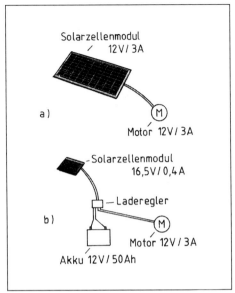

Abb. 1.9: Die optimale Spannung, Leistung und Größe eines Solarzellenmoduls hängt auch davon ab, ob ein Verbraucher (z.B. ein Motor) direkt oder über einen Akku betrieben wird: a) Beim Direktbetrieb muss das Modul die volle Nennspannung und den vollen Nennstrom des Motors liefern können. b) Wird der Motor über einen Akku (als Energiespeicher) betrieben, kann das Solarzellenmodul oft wesentlich kleiner sein.

eines Solarmoduls oder bei einem elektrischen Verbraucher) nicht angegeben ist, lässt er sich leicht ausrechnen:

> **Leistung [in Watt] : Spannung [in Volt] = Strom [in Ampere]**

> **Leistung [in Watt] : Strom [in Ampere] = Spannung [in Volt]**

So kann beispielsweise ein 12 V/30 W-Solarmodul folgenden Nennstrom liefern: *30 W geteilt durch 12 Volt = **2,5 Ampere***

Eine 12 V/20 W-Glühlampe hat einen Stromverbrauch von:

20 W geteilt durch 12 Volt = **1, 67 Ampere**

In der Praxis brauchen wir die Stromabnahme einzelner Verbraucher auch für die Berechnung der benötigten Akku-Kapazität *(in Amperestunden)*. Wenn wir z.B. bei einer elektrischen 12 Volt/40 Watt-Kühlbox nirgendwo eine Angabe über die Stromabnahme (in Ampere) finden, kein Problem! Wir rechnen sie einfach aus:

40 W : 12 V = 3,33 A

Wenn diese Kühlbox eine Stunde lang von einem Akku betrieben wird, verbraucht sie (maximal) 3,33 Ah *(3,33 Amperestunden)* von seiner Kapazität. Wird sie zwei Stunden lang betrieben, verbraucht sie (maximal) das Doppelte: 6,66 Ah (usw.). Sie bezieht elektrischen Strom allerdings nur solange, bis ihre Innentemperatur das eingestellte Niveau erreicht. Danach schaltet der Innenthermostat die Stromzufuhr ab und schaltet diese jeweils erst dann wieder ein, wenn die Innentemperatur gestiegen ist.

Ein voll aufgeladener 60 Ah-Akku könnte unsere Kühlbox (deren Stromabnahme 3,33 A beträgt) *mindestens* ca. 18 Stunden lang mit Strom versorgen (60 Ah : 3,33 Ah = 18 Betriebsstunden).

Auf dieselbe Weise lässt sich der Verbrauch einzelner Elektrogeräte und Leuchtkörper ausrechnen, die für eine solarelektrische Stromversorgung vorgesehen sind. Das Prinzip lässt sich am einfachsten mit Hilfe der

Strom aus den Solarzellen

Abb. 1.10 simulieren: Die Kapazität eines Akkus in Ah (Amperestunden) stellt seinen „energetischen Inhalt" dar, der mit dem Inhalt eines Weinfasses (in Litern) vergleichbar ist. Je nachdem wie oft und wie kräftig der „Inhalt" angezapft wird, steht er zur Verfügung (auf technisch orientierte Beispiele kommen wir noch in weiteren Kapiteln zurück).

Abb. 1.10: Die Kapazität eines Akkus stellt einen „energetischen Inhalt" dar, der mit dem Inhalt eines Weinfasses vergleichbar ist

Der Verbrauch der Akku-Kapazität muß dann meistens voll von den Solarzellen „nachgeliefert" werden – es sei denn, man nutzt zum Nachladen der „Solarbatterie" teilweise auch die Pkw- oder Reisemobil-Lichtmaschine.

Beim Laden bzw. Nachladen der „Solarbatterie" entstehen Ladeverluste, die zwischen ca. 10% bis 20% liegen (was vor allem von der Qualität der verwendeten Batterie abhängt). Wir werden einfachheitshalber einheitlich mit 20% Ladeverlusten rechnen.

Mit dem Nachladen eines Bleiakkus ist es im Prinzip sehr einfach: Der Akku wird über einen *Solar-Laderegler* an das Solarmodul angeschlossen und damit ist die Installation dieser „photovoltaischen Ladevorrichtung" erledigt.

Laderegler sind entweder als kleine Fertiggeräte, als Bausätze oder auch in der Form eines einfachen ICs erhältlich, das ähnlich aussieht wie ein gängiger Spannungsregler und zudem auch auf dieselbe Weise angeschlossen wird – wie der *Abb. 1.11* zu entnehmen ist. Der hier aufgeführte integrierte Laderegler *Typ PB 137* ist für 12 Volt-Bleiakkus konzipiert und kann einen Ladestrom von max. 1,5 A verkraften (allerdings mit einem gängigen *TO-220*-Kühlkörper). Er verfügt jedoch über einen thermischen Überlastschutz und ist somit nahezu unzerstörbar.

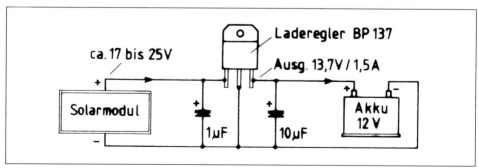

Abb. 1.11: Ein moderner integrierter Bleiakku-Laderegler unterscheidet sich äußerlich nicht von einem integrierten Spannungsregler.

Strom aus den Solarzellen

Der an sich bescheidene maximale Ladestrom des integriertenLadereglers beschränkt seine Anwendung auf kleinere Solarstrom-Versorgungen. Was unter dem Begriff „kleinere" zu verstehen ist, hängt von dem Nachladebedarf ab und lässt sich folgendermaßen erklären:

Beim „normalen" Laden (Nachladen) eines Bleiakkus darf der Ladestrom maximal 10% der Akku-Kapazität in Ah betragen. Es gibt zwar auch spezielle „Schnelllade-Verfahren", bei denen der Ladestrom wesentlich höher ist, aber die werden bei der Solartechnik nicht angewendet. Hier wird im Gegenteil oft ein wesentlich niedrigerer Ladestrom als die 10% der Akku-Kapazität eingeplant, um den Kostenaufwand für das Solarmodul zu drücken. Dann dauert jedoch das Nachladen des Akkus entsprechend länger – was wiederum nur bei einer Solarstromversorgung in Kauf genommen werden kann, bei der „pro Tag" nur ein kleiner Teil der Akku-Kapazität beansprucht wird.

Wir sehen uns die Sache einfachheitshalber anhand eines praktischen Beispieles an: Ein 12 V/36 Ah-Bleiakku darf maximal mit einem 3,6 A-Ladestrom (10% seiner Kapazität) geladen werden. Das Solarmodul müßte daher für den vorgesehenen Nennstrom von 3,6 A ausgelegt werden. Um einen leeren Akku voll aufzuladen, müsste das Solarmodul rein rechnerisch ganze 12 Stunden lang (in Hinsicht auf die 20% Ladeverluste) den vollen Ladestrom in den Akku laden können.

Das ist jedoch in der Praxis nicht so perfekt realisierbar. Wer etwas Erfahrung mit dem Laden einer Autobatterie hat, dem ist bekannt, dass die Ladestrom-Abnahme von der jeweiligen Batteriespannung (bzw. vom Stand der jeweiligen Entladung), von der Kapazität (in Ah) und von dem Laderegler abhängt.

Eine „ziemlich leere" Batterie zeigt sich in Hinsicht auf die volle Ladestrom-Abnahme sehr kooperativ. Nachdem sie jedoch „einigermaßen" nachgeladen ist, fängt ihre Ladestrom-Abnahme zu sinken an – was sich insbesondere in der Endphase des Ladens bemerkbar macht.

Von der zur Verfügung stehenden Ladespannung und von der Qualität des Ladereglers hängt dann in der Praxis ab, wie schnell und wie gut sich der Akku wieder voll auflädt. Innerhalb von den theoretischen 12 Stunden gelingt ein perfektes Nachladen zwar nicht, aber bei einer kleinen Solaranlage spielt dieser Aspekt keine zu wichtige Rolle – vorausgesetzt, die Akku-Kapazität wird von vornherein etwas höher dimensioniert und man lädt dann überwiegend nur noch in dem Bereich „fast leer/fast voll" auf. Die Philosophie dürfte sich hier an dem Beispiel des Weinfasses aus *Abb. 1.8* orientieren: Es kommt nicht nur darauf an, wie voll so ein Weinfass ist, sondern wie groß es ist.

Zudem kann man von einem Solarmodul nicht erwarten, dass es 12 Stunden hintereinander den vollen Ladestrom liefert. So wird beispielsweise ein Solarmodul, dessen Nennstrom laut Herstellerangabe 3 A beträgt, nicht gleich nach dem Sonnenaufgang den vollen Nennstrom liefern und dies bis zum Sonnenuntergang durchhalten.

Strom aus den Solarzellen

Je nachdem, wie das Solarmodul gegen die Sonne ausgerichtet wird, fängt es auch an einem sonnigen Sommertag z.B. erst um 7 Uhr mit einem langsam ansteigenden Ladestrom zu laden an. Wenn das Solarmodul beispielsweise waagerecht am Caravandach liegt, wird es nur zwischen ca. 10 und 15 Uhr mit dem vollen (oder zumindest annähernd vollen) Ladestrom von 3 A den Akku laden. Danach (in diesem Fall zwischen ca. 15 und 19 Uhr) wird sowohl der Ladestrom als auch die Ladespannung gleitend sinken. Sobald die Solarspannung auf das Spannungs-Niveau sinkt, das in dem Moment der Akku (schon) hat, kann kein Ladestrom mehr vom Laderegler in den Akku fließen.

Je nachdem, wie gut der Akku an dem einen oder anderen Tag aufgeladen ist, nutzt er den Solarstrom als Ladestrom – also nur wenn er ihn benötigt bzw. wenn ein Ladestrom wetterbedingt vorhanden ist. Ist bei einem regnerischen Wetter kein Nachladen des Akkus möglich, muß er einfach warten, bis sich die Sonne wieder von ihrer „besten Seite" zeigt.

Nun ist natürlich folgende Gegenfrage fällig: „Und was ist, wenn es etliche Tage lang regnet?" Die Antwort ist einfach: „Da läuft nichts. Deshalb muß die Kapazität des Akkus bereits bei der Anlagenplanung ausreichend großzügig dimensioniert werden, um auch mehrere nacheinander folgende, sonnenarme Tage überbrücken zu können."

Die Aussagekräftigkeit dieser an sich einfachen Antwort lässt sich naturbedingt nicht mit Tabellen oder Formeln untermauern. Es bleibt immer dem persönlichen Ermessen des Anwenders überlassen, wie er bei so einem Vorhaben den Energiebedarf und die Anzahl der nacheinander folgenden, „möglichen" sonnenarmen Tage einschätzt. Dabei kommt es auch darauf an, wie wichtig es ihm erscheint bzw. wie wichtig es tatsächlich ist, dass der Akku als Energiequelle nicht versagt.

Theoretisch lässt sich zwar so ein Anliegen gar nicht in ein solides „Schema" unterbringen, aber in der Praxis ist das Ganze gar nicht so problematisch, wie es auf den ersten Blick aussieht. In einem Caravan oder Reisemobil ist zum Beispiel der Bedarf nach elektrischem Lüften oder Kühlen am größten, wenn die Sonne kräftig scheint. Zudem kann ein leerer „Solar-Akku" notfalls auf einem Campingplatz vom elektrischen Netz nachgeladen werden (danach kann man wieder weiter durch die Gegend streunen).

Außerdem gehört zu den Vorteilen einer jeder Solarstromversorgung, dass man problemlos jederzeit sowohl die Kapazität des Akkus (Bordakkus oder Zweitakkus), als auch die Leistung der Solarzellen durch weitere „Bausteine" erhöhen kann.

Man muss sich allerdings darauf einstellen, dass hier die Technik den Naturkräften unterliegt und dass nicht immer alles so verläuft, wie man es gerne haben möchte. Trotzdem ist Solarstrom eine feine Sache, aber vor allem nur dann, wenn es keine bessere oder bequemere Alternative gibt.

Bei unseren bisherigen Ausführungen haben wir im Zusammenhang mit Akku-Laden die *Solarspannung* jeweils nur quasi „nebenbei" erwähnt. Dies jedoch nur aus dem Grund, damit die Aufklärung nicht zu kompliziert wird.

Strom aus den Solarzellen

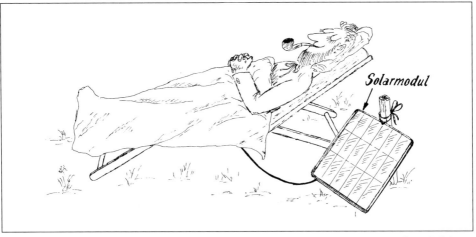

Abb. 1.12: Ein solarbetriebenes elektrisches Heizkissen kann an so manchen kühleren Tagen das Wohlbefinden beim Liegen im Freien sehr steigern ...

In Wirklichkeit hat die Solar-Ladespannung *(Modulen-Nennspannung)* einen sehr wichtigen Stellenwert und verdient eine besondere Beachtung.

Bei einer Solarversorgung ohne Zwischenspeicher ist es mit der Wahl der Solarspannung einfach (wie bereits an anderer Stelle erklärt wurde). Hier ist auch in vielen Fällen die „Nutzungsdauer" der Solarenergie pro Tag wesentlich länger, wenn Verbraucher verwendet werden, die auch bei einer Unterspannung (und bei niedrigem Strom) arbeiten.

Darunter ist folgendes zu verstehen: Ein 12 V-Ventilator oder eine gute 12 V-Pumpe fangen beispielsweise schon bei einer Versorgungsspannung von ca. 3 V bis 5 V zu drehen an. Sie leisten zwar bei einer Unterspannung nicht die volle Arbeit, aber sie arbeiten dennoch.

Noch effizienter arbeiten in der Hinsicht Verbraucher, bei denen der Strom in Wärme (oder in Kälte) umgewandelt wird. Als Beispiel dürfte hier ein elektrisches Heizkissen dienen, das man sich an einem sonnigen (aber kühlen) Frühlingstag *nach Abb. 1.12* unter die Füße (oder unter den „Allerwertesten") legt. Hier wird jeder kleinste „Tropfen" des Solarstroms in Wärme umgewandelt und das Solarmodul kann vom Sonnenaufgang bis zum Sonnenuntergang genutzt werden (auch wenn der Solarstrom am frühen Morgen oder am späten Nachmittag nur sehr bescheiden wärmt).

Bei jeder Art eines solchen Direktbetriebes hängt die Nutzung des einen oder anderen Verbrauchers von seiner Art und seiner Funktionsweise ab. Damit ist Folgendes gemeint: Ein elektrisches Heizkissen oder ein Ventilator arbeiten beispielsweise zufriedenstellend auch bei einer Unterspannung, Lampen zeigen sich dagegen in der Hinsicht ziemlich „unkooperativ", denn ihre Leuchtkraft nimmt überproportionell ab, wenn ihre Versorgungsspannung um mehr als ca. 10 bis 15% sinkt.

Strom aus den Solarzellen

Ähnlich ist es beim Laden mit Solarstrom: Eine Solaranlage, die mit einem Akku als Zwischenspeicher arbeitet, beginnt das Laden des Akkus erst dann, wenn die Ladespannung höher ist als die jeweilige Spannung des Akkus. Wenn an einem Vormittag die Akkuspannung z.B. nur noch 10,7 V beträgt, fängt das Laden erst dann an, wenn die Solarspannung am Laderegler-Ausgang auf mindestens 10,8 V gestiegen ist.

Soll eventuell ein noch ziemlich „voller" Akku nachgeladen werden, der eine Spannung von 12 V hat, beginnt das Laden erst dann, wenn die Ladespannung höher als 12 V ist. Solange jedoch die Ladespannung nur *geringfügig* höher ist als die jeweilige Akkuspannung, nimmt der Akku auch nur einen sehr niedrigen Ladestrom ab (ohne Rücksicht darauf, wieviel Strom das Modul tatsächlich in dem Moment liefern könnte).

Solarmodule, die fürs Nachladen von Akkus vorgesehen sind, müssen aus diesem Grund immer für eine wesentlich höhere *Nennspannung* ausgelegt sein als die Nennspannung des Akkus ist. Soweit nur zu der etwas allgemeinen Vorinformation. Näheres zu diesem Thema finden Sie im Kap. 7.

1.2 Akkus als Solarenergie-Speicher

Als Solarenergie-Speicher eignen sich im Prinzip alle handelsüblichen wiederaufladbaren Akkus. Die Spannung und die Kapazität des angewendeten (oder vorgesehenen) Akkus richtet sich nur nach dem Spannungs-, Leistungs- und Kapazitätsbedarf der „elektrischen Verbraucher", die er betreiben soll.

Für die Stromversorgung von kleinen Verbrauchern (elektronische Kleingeräte, kleine Lampen, Solar-Spielzeuge) genügt oft ein kleiner NiCd- oder NiMH-Akku bzw. ein sehr kleiner Bleiakku. Wenn eine größere „Speicherkapazität" benötigt wird, kommen größere Bleiakkus (worunter Autobatterien oder Solarbatterien) zum Einsatz. Als Bordbatterien im Caravan, Reisemobil, auf dem Boot oder auf einer Yacht werden z.B. oft mehrere Autobatterien miteinander parallel *nach Abb. 1.13* verbunden.

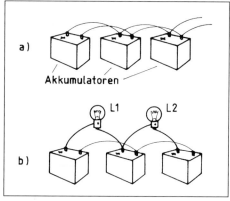

Abb. 1.13: Um eine höhere Kapazität zu erhalten, werden üblicherweise mehrere Akkus (derselben Marke und Größe) parallel betrieben: a) Prinzip der Verschaltung. b) Bevor man mehrere Akkus miteinander „leitend" verbindet, sollten ihre Spannungen erst mit Hilfe zusätzlicher Glühlampen aneinander angeglichen werden.

Die Anzahl der Batterien darf zwar theoretisch unbegrenzt sein, aber praktisch ist Folgendes zu berücksichtigen: Je mehr Batterien miteinander verbunden werden, desto genau-

Strom aus den Solarzellen

er sollten sie parametrisch aufeinander abgestimmt sein. Dabei genügt nicht, dass es sich um Akkus derselben Marke und Leistung handelt. Sie sollten auch möglichst gleich alt sein und identisches Lade-/Entladeverhalten aufweisen. Andernfalls laden sie sich nicht ausgewogen auf und ein einziger „altersschwacher" Akku wirkt sich quasi als ein „Verbraucher" aus, der die anderen Akkus zu schnell entlädt. Dies muss nicht immer gleich kritisch sein, aber es ist darauf zu achten.

Eine einfache Kontrolle der Selbstentladung ist in der Hinsicht am aussagekräftigsten: Die Akkus werden erst (einzeln, gemeinsam oder kombiniert) mit einem Ladegerät voll aufgeladen, unbelastet abgestellt und nach ca. 4 bis 6 Wochen wird mit einem Voltmeter nachgemessen, ob keiner davon durch eine zu hohe Selbstentladung einen merkbar größeren Spannungsverlust aufweist als der Rest.

Darunter ist Folgendes zu verstehen: Die Spannung wird nach ca. 6 Wochen durch die Selbstentladung (markenabhängig) beispielsweise bei einem der Akkus auf 11,6 V, bei dem Rest nur auf 12,2 V sinken. Schon eine derartige Differenz beim Selbstentladen weist darauf hin, dass der eine zu tief entladene Akku etwas zu sehr „aus der Reihe" fällt, die restlichen Akkus gewissermaßen belastet und einen unnötig großen Teil des „kostbaren" Solar-Ladestroms für sich in Anspruch nimmt.

Hier hilft oft, wenn man alle Akkus auf gleiches Niveau mit destilliertem Wasser nachfüllt, evtl. den Elektrolyt nachkontrolliert (bzw. nachfüllen lässt), danach alle Akkus nochmals auflädt, auf ca. 10,5 V entlädt, neu auflädt und nochmals die Selbstentladung nach z.B. 8 Wochen nachmisst. In den meisten Fällen bringt dieser „Eingriff" Erfolg. Andernfalls hilft nur noch ein Austausch des schwachen Akkus.

Die eigentliche Wartung stellt bei modernen Autobatterien oder Solarakkus an den Anwender fast keine Ansprüche. Wer dazu genügend Zeit und Lust hat, sollte mindestens einmal oder zweimal pro Jahr Folgendes nachkontrollieren:

- ob eines der Batterieglieder nicht mit destilliertem Wasser nachgefüllt werden muss (die Elektroden sollen mindestens ca. 5 mm tief unter dem Elektrolyt-Spiegel sein). Zum Auffüllen des Akkus wird normalerweise nur destilliertes Wasser verwendet.
- ob seine Anschlussklemmen nicht grüne Korrosionsverschmutzungen aufweisen (sie werden mit einem trockenen Tuch gereinigt und neu eingefettet).

Bei Akkus, die als Solarenergie-Speicher dienen sollen, stellt die Problematik des Ladens etwas gehobenere Ansprüche an das fachorientierte Grundwissen des Anwenders. Es ist ja verständlich, dass man hier im Bilde darüber sein muss, für welche Spannung und Kapazität der Akku ausgelegt sein sollte und welche Spannung und welchen Ladestrom das verwendete Solarmodul liefern muss, um den Akku ausreichend nachladen zu können.

Ansonsten steht dem Anwender eine große Auswahl an diversen „normalen", handelsüblichen Bleiakkus aller Art zur Verfügung (worunter Autobatterien, Rollstuhl-Akkus, Modellbau-Akkus, usw.) und einige „spezielle Solar-Akkus".

Strom aus den Solarzellen

1

Mit den „speziellen" Vorteilen der oft übertrieben hochgepriesenen „echten Solarakkus" ist es bei weitem nicht so toll, wie es so mancher Hersteller den Kunden gerne glaubhaft machen möchte. Oft werden hier als Vorzeige-Parameter *Eigenschaften* hervorgehoben, über die im gleichen Maße – oder zumindest annähernd gleichen Maße – *jede gute moderne Autobatterie* verfügt. Bei den Autobatterien werden jedoch diese Eigenschaften üblicherweise nur von den Autoherstellern beachtet und der Autofahrer wird mit eventuellen weiteren Parametern einfach verschont. Mit Recht, denn man hat ja als ein normaler Mensch kaum Interesse daran, wie es mit der Selbstentladung oder mit dem Ladeverhalten einer solchen Batterie steht. Hauptsache „das Zeug" geht lange genug mit und funktioniert im Auto zuverlässig. Dafür hat hier allerdings der Autohersteller zu sorgen – was er auch macht.

Wenn heutzutage die Autobatterie eines normalen Mittelklasse-Wagens in der Praxis eine Lebensdauer von 10 Jahren erreicht (oder sogar überschreitet), ist es kein technisches Wunder mehr. Und wenn ein Hersteller eine vergleichbar lange Lebensdauer bei einem „Solarakku" anpreist, ist es auch in Ordnung. Es spricht ja nichts dagegen, dass man z.B. Rassehunde anbietet und dabei hervorhebt, dass sie mit dem Schwanz wedeln können. Kann ja auch nicht jeder!

Anderseits verfügen viele der „echten" Solarakkus tatsächlich über einige technische Parameter, die etwas besser sind, als die der normalen Autobatterien. Manche der Solarakkus sind z.B. völlig „wartungsfrei" konzipiert, weisen eine erhöhte Frostunempfindlichkeit,

eine etwas niedrigere Selbstentladung und niedrigere Ladeverluste auf. Das sind jedoch alles technische Eigenschaften, die auch jeder Autobatterien-Hersteller anstrebt – allerdings wird hier mehr darauf geachtet, dass eine geringe Qualitätsverbesserung nicht eine unangemessene Preiserhöhung zur Folge hat.

Die „echten" Solarakkus sind üblicherweise drei- bis viermal teurer als die normalen Autobatterien. Das mag rein technologisch zum Teil dadurch gerechtfertigt sein, dass sie im Vergleich zu den Autobatterien in zu kleinen Serien hergestellt werden (was für den Kunden kaum als Trost gelten dürfte).

Für die meisten Anwendungen kommen daher als Solarenergie-Speicher bevorzugt in Frage die preiswerten „Autobatterien" oder evtl. auch kleinere Bleiakkus, die z.B. für Motorräder, Aufsitz-Rasenmäher, Rollstühle, Modellbau u.ä. ausgelegt sind. Caravans, Reisemobile und Boote verfügen zudem ohnehin über Bord-Akkus (Autobatterien), die für die Solarstromversorgung üblicherweise nur mit weiteren parallel angeschlossenen Autobatterien nachgerüstet werden (um die Kapazität zu erhöhen).

Bemerkung: Ähnlich wie bei der Autoelektrik wird auch hier mit einer niedrigen Spannung, aber mit hohen Strömen gearbeitet und alle Leitungen, Klemmen und Schalter sollten daher entsprechend ausgelegt werden. Andernfalls entstehen in ihnen zu große Leistungs- und Spannungsverluste (siehe auch die Tabelle auf der hinteren Innenseite des Umschlags).

1.3 Wechselrichter

Wechselrichter *(Spannungswandler)* sind Geräte, die eine Gleichspannung in eine andere Gleichspannung (z.B. 12 V in 24 V) oder in eine Wechselspannung (z.B. 230 V~) umwandeln.

Als „Sonderzubehör" von solarelektrischen Anlagen werden in den meisten Fällen Wechselrichter angewendet, die eine 12 Volt- oder 24 Volt-Solarspannung in eine 230 Volt-Wechselspannung umwandeln. Allerdings nur dann, wenn spezielle Verbraucher betrieben werden sollen, die nur als Netzgeräte erhältlich bzw. bereits vorhanden sind.

Bei der Anschaffung eines Wechselrichters ist auf Folgendes zu achten:

- Die *Eingangsspannung* muss identisch mit der Anlagenspannung bzw. Caravan, Reisemobil oder Bootspannung (12 V oder 24 V) sein.
- Die *Ausgangsleistung* sollte auf die vorgesehenen Verbraucher gut abgestimmt, aber nicht übertrieben hoch sein, denn das hat bei einfacheren Wechselrichtern einen unnötig hohen Eigenverbrauch zur Folge.
- Die *Ausgangsspannung* sollte 230 V~ (und nicht 220 V~) betragen.
- Der *Wechselrichter-Wirkungsgrad* sollte möglichst hoch sein (bevorzugt in der Nähe von ca. 95%, denn das verringert unnötige Solarleistungs-Verluste).
- Diverse preiswertere Wechselrichter liefern nur eine trapezförmige 230 V-Wechselspannung. Gehobenere Wechselrichter – die als „Sinuswechselrichter" angeboten werden – liefern dagegen eine „netzidentische" sinusförmige Wechselspannung, die vor allem für empfindliche elektronische Geräte (Computer, Videorekorder) empfehlenswert ist.
- Manche Wechselrichter sind speziell für Solaranlagen ausgelegt und beinhalten gleichzeitig einen Batterie-Laderegler und evtl. auch einen Tiefentladeschutz. Dies wirkt sich zwar nicht unbedingt als kosteneinsparend aus, aber vereinfacht die Installation – insofern dies als ein Kaufargument betrachtet wird.

2 Solarzellen am Strand

Ob am Meeresstrand, am Strand eines Sees oder am Ufer eines Flusses, wo man einen ganzen Tag oder nur einige Stunden gemütlich verbringen möchte: Solarstrom kann unter Umständen sehr willkommene Dienste leisten.

Um sich eine objektive Vorstellung von den praktischen Nutzungsmöglichkeiten dieser „Stromversorgung" machen zu können, muss man sich allerdings die ganze Vielfalt dieser „Freizeitgestaltung" in etwas bunteren Varianten vorstellen. Wie bunt? Das hängt nur von der individuellen Phantasie und der Beziehung zur Natur ab.

Was darunter zu verstehen ist, dürften die nun folgenden Beispiele zeigen, bei denen gleich praxisbezogene Anwendungs-Tipps erklärt werden.

2.1 Solarbetriebene Kühlbox

Elektrische Hand-Kühlboxen (die für 12 Volt-Batteriebetrieb ausgelegt sind) werden immer preiswerter und sind in verschiedenen Größen und Leistungen erhältlich. Sie eignen sich insbesondere im Sommer zum Kühlen von Getränken, Obst, Schokolade und solchen Lebensmitteln, die einigermaßen kühl aufbewahrt werden müssen.

Für welche Art der Ausflüge man so eine Kühlbox auch verwendet, ihr Vorteil besteht darin, dass sie während der Fahrt im Auto an die Autobatterie angeschlossen werden kann und bis ans „Ziel" optimal kühlt. Das Auto muß jedoch oft weit entfernt vom Strand geparkt werden und der Rest des Weges wird gelaufen (mit der Kühlbox in der Hand).

Die Kühlbox bleibt dann noch eine Zeitlang kühl. Wie lang, das hängt sowohl von der Umgebungstemperatur, als auch davon ab, wie oft sie geöffnet wird. Wenn für die Box als „Stromgenerator" ein leichtes, flexibles Solarmodul mitgenommen wird, kann es sie am Strand weiterhin mit Strom versorgen. Zwar nur dann, wenn die Sonne scheint, aber das genügt, denn wenn die Sonne nicht scheint, sinkt ja die Umgebungstemperatur und die Kühlbox bleibt ohnehin noch einige Stunden lang kühl.

Welches Solarmodul wird benötigt?

Am günstigsten eignet sich für solche Zwecke ein Leichtgewicht-Solarmodul, das entweder als flexibles Modul oder als in der Mitte zusammenklappbares Modul (Aktentaschen-Format) leicht transportierbar ist. Es sollte sich dabei bevorzugt um ein *kristallines* Modul, *nicht* um ein *amorphes* „Dünnschicht-Modul" handeln. Amorphe (Dünnschicht) Solarzellen haben einen zu niedrigen Wirkungsgrad und das Modul muss daher

Solarzellen am Strand

Abb. 2.1: Eine kleinere 12 Volt-Elektro-Kühlbox kann auch von einem „Leichtgewicht-Solarmodul" ausreichend mit Strom versorgt werden

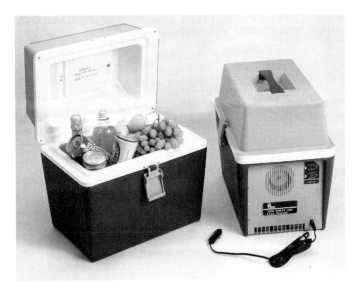

über eine etwa doppelt so große Zellenfläche verfügen, als ein kristallines Modul (siehe hierzu auch Kap. 7).

Die Nennleistung eines solchen Solarmoduls muß in diesem Fall nicht unbedingt auf die volle Nennleistung der Kühlbox abgestimmt sein. So kann zum Beispiel eine 12 V/3 A-Kühlbox sehr zufriedenstellend mit einem 12 V/2 A-Solarmodul betrieben werden. Wenn dabei die Kühlbox im Schatten steht, wird sie auch an heißen Sommertagen ihren Inhalt ausreichend kühl halten. Auch hier gilt, dass bei einer sehr großen Hitze die Kühlbox nicht allzuoft geöffnet werden sollte.

Andernfalls wäre hier ein großzügiger dimensioniertes Solarmodul nötig: in diesem Fall ein 12 V/3 A-Modul. Nichts spricht dagegen, wenn hier der Modulen-Nennstrom für mehr als 3 A ausgelegt ist. Im Gegenteil: die Zellen werden sich bei größerer Hitze weniger aufheizen.

Größere Modulenleistung bedeutet allerdings einen größeren Kostenaufwand und größere Abmessungen. Wenn wir mit ca. 1,25 W-Modulenleistung pro dm^2 rechnen, müßte ein 36 Watt-Solarmodul eine Fläche von ca. 29 dm^2 haben. Das ergibt z.B. ein 5 x 5,8 dm (50 x 58 cm) großes Solarmodul. Wenn sich so ein Modul in der Mitte zusammenklappen läßt – oder wenn zwei oder mehrere kleinere (flexible) Module verwendet werden – ist es immerhin noch problemlos transportierbar.

Das anfangs erwähnte „sparsamere" 12 V/2 A-Modul hätte dagegen nur eine Leistung von 24 W, woraus sich eine Solarzellenfläche von ca. 19,2 dm^2 ergibt. Die Modulen-Abmessungen würden hier z.B. nur etwa 44 x 44 cm betragen.

Solarzellen am Strand

Wir sind in diesem Beispiel von einer 12 V/ 3 A-Kühlbox (36 Watt-Kühlbox) ausgegangen. Das ist zwar eine der kleineren Kühlbox-Typen, aber für normale Bedürfnisse reicht sie aus (vor allem, wenn man sie auch länger tragen muss). Es spricht jedoch nichts dagegen, dass man sich eine wesentlich größere Kühlbox zulegt und das Solarmodul dementsprechend auch etwas großzügiger auf den Kühlbox-Verbrauch abstimmt. Wenn so eine „Anlage" des Öfteren dort genutzt wird, wo man andernfalls Getränke auch an einem Kiosk kaufen kann, wird sie sich – bei den stolzen Kiosk-Preisen – sehr schnell amortisieren.

In manchen Fällen wird es möglich sein, die elektrische Kühlbox im Auto zu lassen und bedarfsbezogen die Getränke oder andere gekühlte Speisen jeweils zu holen. Die Tatsache, dass sich die meisten dieser Kühlboxen an den Zigarettenanstecker des Autos anschließen lassen, darf jedoch nicht zu der Annahme verleiten, dass die Autobatterie mit dieser zusätzlichen Energieversorgung wohl „automatisch" zurechtkommt. Prinzipiell stimmt zwar eine solche Annahme in Bezug auf die eigentliche Kühlbox. Es kann jedoch leicht vorkommen, dass die Kühlbox zwar einwandfrei den ganzen Tag gekühlt hat, aber abends will dann das Auto nicht mehr starten, weil die Autobatterie von der Kühlbox „leergesaugt" wurde.

Hier kann manchmal schon ein sehr kleines Solarmodul (z.B. am Autodach) das Energie-Manko auffangen – was sich ja leicht nachrechnen lässt.

2.2 Solarbetriebene Spielzeuge und Modelle

Viele Batterie-Spielzeuge und -Modelle lassen sich leicht mit einigen kleinen zusätzlichen Solarzellen nachrüsten, die entweder anstelle der Batterien als „sonnenscheinabhängige" Energiequellen oder die nur für das Nachladen von den bestehenden Akkus angewendet werden.

Dem Bastler stehen zu diesem Zweck sowohl *„nicht gekapselte" (kahle)*, als auch *„gekapselte"* Solarzellen und Solar-Minipaneele zur Verfügung.

Für den Modell- oder Spielzeugbau können diese Zellen – ähnlich wie Batterien – seriell, parallel oder auch seriell/parallel verschaltet und für die ersten Experimente mit einem dünnen Plexiglas abgedeckt werden.

Gekapselte Solarzellen sind *nach Abb. 2.2* ähnlich ausgeführt, wie kleine „Solarmodule", in denen jeweils nur eine einzige Solarzelle untergebracht ist. Somit entspricht die Nennspannung dieser gekapselten Zellen der gängigen Nennspannung normaler kristalliner Zellen (meistens zwischen ca. 0,45 und 0,46 Volt). Abhängig von der Modulen-Größe liegt der Nennstrom zwischen ca. 0,1 A (bei einer Modulenfläche von 46 x 26 mm) und 0,7 A (bei Modulen-Abmessung von 96 x 66 mm).

Diese gekapselte Zellen können – ähnlich wie die nicht gekapselten Solarzellen – belie-

Solarzellen am Strand

Abb. 2.2: Gekapselte Solarzellen oder Minipaneele sind in verschiedenen Größen, und mit verschiedenen *Nennspannungen* und *Nennleistungen* erhältlich

big zu Ketten oder Flächen verschaltet werden, um die benötigten elektrischen Nennwerte zu erhalten.

Gekapselte Solar-Minipaneele beinhalten mehrere Solarzellen und somit eine entsprechend höhere Spannung. Im Prinzip handelt es sich hier um kleine Solarmodule, die sowohl miteinander als auch mit gekapselten Einzelzellen verschaltet werden können, um die benötigte Spannung bzw. Leistung zu erhalten.

Wenn die **Solarstromversorgung** anstelle der Batterien vorgesehen ist, müssen die Solarzellen verständlicherweise zumindest dieselbe Spannung und denselben Strom liefern können, die andernfalls so ein Spielzeug von den Batterien erhält bzw. bezieht. Mit der Spannung ist es ja klar, denn hier richtet man sich einfach nach der Spannung der benötigten Batterien. Die Stromabnahme ist bei derartigen „Verbrauchern" meistens nirgendwo angegeben, und sollte daher mit einem Amperemeter (Multimeter-Gleichstrombereich) ermittelt werden.

Der Solarzellen-Nennstrom wird dann – insofern es der Platz für die Zellen erlaubt – um ca. 10 bis 25% höher dimensioniert, als durchs Messen ermittelt wurde.

Wenn die Solarzellen nicht als Direktantrieb, sondern nur als Ladestrom-Quelle für die Akkus dienen sollen, muss die **Solarspannung** groß genug sein, um die Akkus nachladen zu können, aber nicht so groß, dass sie beim Laden „kaputtgekocht" werden.

Viele der kleinen Batterie-Spielzeuge sind für wiederaufladbare Akkus ausgelegt bzw. können mit solchen Akkus betrieben werden. Zu diesem Zweck werden dann meistens NiCd-Akkus verwendet. Im Vergleich zu Bleiakkus liegt bei NiCd die „Gasungsspannung" etwas höher: Bei ca. 1,55 V pro Glied, dessen *Nennspannung* 1,2 V beträgt. Für kontinuierliches Nachladen dieser Akkus sollte daher die Solarspannung *(= Modulen Nennspannung)* zwar in die Nähe der Gasungsspannung kommen, aber diese nicht überschreiten.

Theoretisch würde die Problematik des Ladens eine wesentlich aufwendigere Erklärung benötigen, aber in der Praxis dürfen wir davon ausgehen, dass die Nennspannung der Solarzellen (des Solarmoduls) ca. 20% höher

Solarzellen am Strand

liegen soll als die Nennspannung des geladenen NiCd-Akkus. Das ergibt eine Ladespannung von ca. 1,44 V pro NiCd-Glied bei maximaler Belastung der Solarzellen. Wenn der Ladestrom bei einem „fast aufgeladenen" Akku (am Ende des Ladevorgangs) sinkt, steigt die von den Zellen gelieferte Spannung „in Richtung" *Leerlaufspannung* und kann somit am Ende des Ladevorgangs den Akku fast perfekt aufladen.

Dies setzt jedoch voraus, daß alle Vorbedingungen optimal stimmen. Üblicherweise fehlt jedoch die theoretisch benötigte Ladezeit: Ein leerer NiCd-Akku müsste theoretisch 12 Stunden lang mit einem Ladestrom von *vollen* 10% seiner Kapazität geladen werden, um ganz voll nachgeladen zu sein. In der Praxis dauert es jedoch ca. 15 oder sogar 18 Stunden, bis ein leerer Akku wirklich voll aufgeladen ist (was u.a. vom Ladegerät abhängt).

Das Nachladen mit Solarstrom kann z.B. am Strand die Betriebszeit eines Spielzeuges verlängern oder eine etwas kürzere „Wiederbelebung" nach einer Ladezeit von einigen Stunden ermöglichen. Es sei denn, man hat mehrere geladene Zweitakkus und kann sie zusätzlich noch mit weiteren handelsüblichen Solar-Ladegeräten laufend nachladen.

Ansonsten ist es vorteilhafter, wenn der Spielzeugmotor direkt von Solarzellen betrieben wird, die am Spielzeug angebracht sind. Dies setzt jedoch manchmal eine Solarzellenfläche voraus, die wesentlich größer sein müsste als das Spielzeug selbst – was z.B. auch bei diversen Akku-Kinderautos, Traktoren oder Motorrädern zutrifft.

Diese Spielzeug-Fahrzeuge verfügen oft jeweils über zwei Elektromotoren, deren Leistung z.B. 2 x 140 W, 2 x 170 W oder 2 x 230 W beträgt. Dies würde demnach Modulenleistungen von 280 W bis 460 W voraussetzen. Ausgehend davon, dass ein modernes Solarmodul mit einer Fläche von 1 m^2 bestenfalls *nur* eine Leistung von ca. 120 bis 140 Watt aufbringt, würde auch ein kleines Kinderfahrzeug ein mindestens ca. 2 m^2 großes Solarmodul benötigen – und mit ihm herumfahren müssen. In dem Fall muß sich eventuell die Größe des Fahrzeuges der benötigten Solarzellenfläche unterordnen – wie es z.B. bei dem Solarfahrzeug aus *Abb. 2.3* gelöst wurde. Ein talentierter Tüftler dürfte ein derartiges Projekt als eine interessante Herausforderung einstufen ...

Wesentlich einfacher ist es mit dem solarelektrischen Nachladen des Fahrzeug-Akkus. Bei Kinderfahrzeugen, bei denen den Motorantrieb ein 12 V-Bleiakku versorgt, kann evtl. eine kleinere Solarzellenfläche (die beispielsweise auf der Motorhaube angebracht wird) über den integrierten Laderegler aus *Abb. 1.11* den Fahrzeug-Akku nachladen. Allerdings muss man auch hier davon ausgehen, daß z.B. ein siebenstündiges Nachladen nur etwa die Hälfte der verbrauchten Akku-Kapazität „nachliefern" kann.

2.3 Boote mit Solarantrieb

Boote bieten im Allgemeinen mehr Platz für Solarzellen. Nicht nur kleine Spielzeug-Boote, sondern auch größere Boote oder

Solarzellen am Strand

Abb. 2.3:   Prototyp eines modernen Solarautos (Foto Sharp)

andere schwimmende „Objekte" können mit Hilfe von Gleichstrommotoren solarelektrisch betrieben werden. Die Solarzellen können dann z.B. nach *Abb. 2.4* entweder auf den Bootkörper oder auf einem dazu erstellten Dächlein angebracht werden (das evtl. auch an ein Schlauchboot montiert werden kann).

Für derartige Vorhaben gibt es auch kleine, handelsübliche Gleichstrom-Motorantriebe (bzw. Elektro-Außenbordmotoren). In einigen dieser Antriebe ist auch ein Akku eingebaut, dessen Kapazität für eine gewisse Betriebsdauer (von z.B. einer Stunde) ausreicht. Andere benötigen einen größeren Akku, der separat im Boot unterzubringen ist. Wenn so ein Akku von einem Solarmodul laufend nachgeladen wird, kann sich die Betriebsdauer des Motors begrüßenswert verlängern – was insbesonders für kleinere Elektromotoren gilt.

Abb. 2.4:   Boote bieten wesentlich mehr Platz für Solarzellen als Autos ...

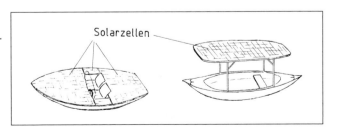

Solarzellen am Strand

Ein Direktantrieb von Solarzellen kann bei einer ausreichend großen Solarzellenfläche an einem sonnigen Tag sehr praktisch sein. Ein rein solarbetriebenes Boot wird allerdings nicht zu einem Rennboot, sondern eher nur zu einem „Schleichboot" (oder zu einer langsam schwimmenden „Sonnenbank") – was für den Spaß an so einer laut- und mühelosen Fortbewegung genügt.

Die Leistungen der kleineren Schiffsmotoren – bzw. der Gleichstrommotoren, die sich für diese Zwecke eignen – liegen zwischen ca. 150 W und 500 W und sind meistens für eine 6 V- oder 12 V-Gleichspannung ausgelegt.

Die für einen Direktantrieb benötigte Solarzellenfläche fällt relativ groß aus. Ausgehend davon, daß bei einer optimalen Sonnenbestrahlung die energetische Ausbeute auch hier bei ca. 120 bis 140 Watt/m^2 Solarfläche liegt, würde auch ein kleiner 150 Watt-Motor eine Solarzellenfläche von mehr als 1 m^2 benötigen. Bei einem 300 Watt-Motor wäre es *eventuell* eine doppelt so große Fläche.

Das Wort *„eventuell"* hat dabei folgende Berechtigung: Ein Gleichstrommotor arbeitet auch bei einer wesentlich niedrigeren Spannung, als seiner offiziellen *Nennspannung* entsprechen würde (der Strombedarf passt sich der „Unterspannung" an). Wenn also ein solarbetriebenes „Wasserfahrzeug" nur mit einer etwas zu klein geratenen Solarzellenfläche ausgestattet wird, fährt es einfach nur entsprechend langsamer – aber es fährt.

Für Eigenbau-Konstruktionen eignen sich als Elektromotoren einige der kräftigeren Akkuschraubern, die z.B. für eine Spannung von 12 bis 18 V ausgelegt sind. So ein Antriebssystem kann wahlweise entweder nur mit einer direkten Stromversorgung arbeiten oder einen Akku als Zwischenspeicher nutzen.

Bei den meisten „Projekten" dieser Art wird es sich wohl um keine seriösen „Nutzfahrzeuge", sondern eher nur um „Spaßfahrzeuge" oder spielzeugartige Fortbewegungsmittel handeln, die nicht für einen Meeresstrand, sondern für einen Teich oder einen ruhigen Flussarm vorgesehen sind.

Abb. 2.5: Der Solar-Katamaran der Fa. Schöne in Überlingen ist eine Kombination von Tretboot und Elektroboot: Als Elektroboot kann es an einem sonnigen Tag bis zu neun Stunden lang auf einem See fahren. (Foto AEG)

Solarzellen am Strand

Die Art und die Größe derartiger „Wasserfahrzeuge" kann sich sehr flexibel dem Anwendungszweck unterordnen, wobei der Einfallsreichtum und die Handfertigkeit des Erbauers für die Lösung bestimmend ist.

Insofern bei diesem Vorhaben die Solar-Betriebsspannung bei max. 24 V gehalten wird, besteht kein Sicherheitsrisiko in Hinsicht auf einen „Stromschlag". Wenn der mechanische Teil des Antriebssystems im Eigenbau ausgetüftelt und erstellt wird, muss darauf geachtet werden, dass alle beweglichen Teile gut abgedeckt sind, um keinen Unfall zu verursachen.

Konkrete Selbstbauvorschläge würden den Umfang dieses Büchleins sprengen und wären zudem sehr fraglich in Hinsicht auf die Vorbedingungen der technologischen Möglichkeiten des einen oder anderen Erbauers. Wer z.B. über eine eigene Drehmaschine verfügt, der kann eine wesentlich aufwendigere (und professionellere) Konstruktion erstellen als einer, der sich nur unter den gängigen Fertigbauteilen aus dem Modellbau oder aus der Fahrzeug- und Antriebstechnik das Passende zusammensuchen muss.

Wer eine speziellere Eigenbau-Konstruktion entwerfen möchte, sollte vorher erst gut auskundschaften, was es für sein Vorhaben „momentan" auf dem Markt gibt. Zu den „Bezugsquellen" für elektrische Wasser-Antriebssysteme gehören auch Sportgeschäfte mit Taucher-Warensortiment.

2.4 Solarbetriebene kleinere Verbraucher

Die Anwendungsmöglichkeiten von kleineren, elektrisch betriebenen Verbrauchern am Strand sind im Prinzip fast genauso umfangreich wie zu Hause. Es wird zwar selten einen Grund dazu geben, dass man zum Strand eine Mikrowelle oder sogar einen Wäschetrockner mitschleppt, aber bei kleineren Geräten liegt die Sache anders.

Man darf sich jedoch unter dem Begriff „Strand" nicht nur einen Meeresstrand mit glühender Sonne, heißem Sand und Tausenden vollbesetzten Liegestühlen vorstellen. Es gibt auch Strände, Fluss- oder Teichufer, an denen man auch während der kühleren Jahreszeit einen sehr erholsamen Tag verbringen kann. An solchen Plätzen werden auch verschiedenste Aktivitäten ausgeübt, die aus dem Rahmen des Klischees eines „Sonnenbank-Strandes" fallen.

Ein *elektrisches 12 V-Heizkissen* kann an manchen sonnigen, aber dennoch etwas zu kühlen Tagen das Wohlbefinden steigern (oder retten), wenn es beim Liegen „am Wasser" plötzlich zu kühl wird. Die Stromversorgung lässt sich hier ähnlich lösen, wie bei der solarbetriebenen Kühlbox. Auch hier muss das Solarmodul nicht auf die volle Leistung des Heizkissens dimensioniert sein. Wenn das Heizkissen nicht seine volle Nennspannung oder seinen vollen Nennstrom erhält, wird es einfach nur die Energie in Wärme umwandeln, die es aus dem Solarmodul be-

Solarzellen am Strand

zieht. Es wird dann zwar nicht seine volle Heizleistung erbringen, aber das ist in der Praxis auch nicht unbedingt erforderlich. Oft genügt es, wenn das Heizkissen nur ein klein wenig dem Körper hilft, das Gefühl von aufkommender Kälte zu unterdrücken.

Wer auf seinen frischen Nachmittagskaffee nicht verzichten möchte, der wird sich vielleicht einen kleinen *12 Volt-Wasserkocher* anschaffen, um „an Ort und Stelle" seinen Kaffee mit Solarstrom kochen zu können. Hier ist – im Gegensatz zu dem Heizkissen bzw. zu einer Kühlbox – eine direkte Stromversorgung ohne einen Zwischenspeicher (Akku) etwas zu kritisch. Der Akku kann jedoch sehr klein und leicht sein, wenn er nur einen kleineren Wasserkocher ein einziges Mal mit Energie versorgen soll.

Ein praktisches Experiment hat folgendes gezeigt: Ein **12 Volt/300 Watt-Wasserkocher** brauchte 10 Minuten (= 0,166 Stunde), um ein ca. 15 °C kaltes Wasser für vier Tassen Kaffee zum Kochen zu bringen. Daraus lässt sich nun der Stromverbrauch ausrechnen: 300 W : 12 V = 25 A.

Bei einem Akku manifestiert sich der Stromverbrauch als *„Verbrauch der Akku-Kapazität in Ah (Amperestunden)"*. In unserem Fall sind es die 25 A multipliziert mit 0,166 Stunden. Das ergibt einen *„Kapazitäts-Verbrauch"* von 4,15 Ah. Mit anderen Worten: Um unter ähnlichen Vorbedingungen Kaffee kochen zu können, wird ein 12 V-Akku benötigt, dessen Kapazität „ausreichend" größer ist als die errechneten 4,14 Ah. Unter dem Begriff „ausreichende" Kapazität ist zu verstehen, dass der Akku während des Wasserkochens nicht zu tief entladen – und somit nicht vernichtet werden darf. Zudem hängt die ganze Kochprozedur von der Wassermenge, Wassertemperatur und von der Umgebungstemperatur ab. Im Prinzip wäre für so ein Vorhaben z.B. ein 12 V/9 Ah-Bleiakku empfehlenswert. Er wiegt nur etwa 2,4 kg, seine Abmessungen sind sehr bescheiden (ca. 13,5 x 7,5 x 13,5 cm) und ein gewisses Nachladen kann an einem sonnigen Tag auch ein kleineres Solarmodul ermöglichen (siehe hierzu auch Kap. 3).

Wer energiesparend frischen Kaffee kochen möchte, kann sich zu einem Tagesausflug heißes Wasser in einer Thermosflasche mitnehmen. Um dies zum Kochen zu bringen, wird nur eine sehr kurze Zeit benötigt und der Energiebedarf sinkt tief unter die Hälfte der vorhin angesprochenen 4,15 Ah. In dem Fall reicht dann ein kleiner 12 V/5 Ah-Bleiakku, der nur ca. 1,5 kg wiegt.

Dieses Beispiel hat selbstverständlich nur einen informativen Charakter. Wer auf derartige Anwendungen konkret eingehen möchte, der wird selber experimentell ermitteln können, wo die Grenzen der Konzeptlösungen liegen. Da es sich in diesem Fall meistens nur um Aufgabenlösungen spielerischer Art handelt, lassen sich eventuelle „Fehlplanungen" im Nachhinein noch problemlos modifizieren, ohne dass ein Schaden entsteht.

Solarstromnutzung beim Campen 3

Unter den Begriff „Campen" fallen mehrere Arten der Freizeitgestaltung im Freien: Am Flußufer, im Wald oder auf dem Freizeit-Grundstück zu picknicken, im Freien oder auf einem Campingplatz zu zelten bzw. mit einem Caravan oder Reisemobil länger durch die Gegend herumstreunen, usw.

Mit einigen der aufgeführten Formen des Campens befassen sich selbstständige Kapitel, die jeweils spezieller auf die Solarstrom-Nutzung eingehen. Dieses Kapitel befasst sich daher vor allem mit der Solarstrom-Nutzung beim Campen allgemeiner Art (z.B. Zelten). Anwendungen, die bereits im vorhergehenden Kapitel behandelt wurden (oder noch anderweitig behandelt werden), lassen wir nun weg.

3.1 Solarbeleuchtung

Sowohl beim individuellen Zelten, als auch in einem Ferien-Zeltcamp ist eine gute Beleuchtung in und um das Zelt von großem Vorteil. Wer selber einmal, mit einer Taschenlampe zwischen den Zähnen, nachts längere Zeit nach etwas im Zelt suchen mußte, dem braucht man nicht zu erklären, dass eine kleine „Solarleuchte" an der „Zeltdecke" dem Wohlbefinden sehr dienlich ist. Dies gilt auch für eine Außenbeleuchtung (man muss ja ab und zu auch nachts das Zelt verlassen, denn Nachttöpfe gehören ja nicht zu der gängigen Zeltausstattung).

Abb. 3.1: Bei kleineren Solar-Außenlampen sind die Solarzellen oft direkt an der Oberseite des Lampenkörpers integriert

Solarleuchten gibt es für diese Zwecke in großer Auswahl (im Kap. 8.1 finden Sie diesbezüglich Näheres). Offen bleibt bei dieser Beleuchtung die Frage der Stromversorgungsart:

- Leuchten, die – wie in *Abb. 3.1* – bereits mit eigenen Solarzellen und einem internen Akku vorgesehen sind, eignen sich beim Campen vor allem dann, wenn sie gleichzeitig mit einem PIR-Bewegungsschalter ausgestattet sind, der das Licht jeweils nur für eine sehr kurze Zeitspanne (von z.B. fünf Minuten) einschaltet. Sie kommen jedoch nur für die Aufstellung auf unbeschatteten Standorten in Frage.

Leuchten, die über keine eigene Solarzellen und keinen eigenen Akku verfügen, können zwar überall aufgestellt werden, benötigen jedoch ein Zuleitungskabel zu dem solarbetriebenen Akku. Das Solarmodul wird an einer unbeschatteten Stelle gegen den Süden ausgerichtet und kann bedarfsbezogen einen größeren Akku nachladen, der sowohl für die Beleuchtung als auch für andere Zwecke genutzt werden kann.

Natürlich spricht nichts dagegen, dass beide Arten der Solarstrom-Versorgung kombiniert werden können. Solarleuchten, die z.B. in einem größeren Camp nur für die nächtliche Wegmarkierung zuständig sein sollen, dürften bevorzugt über eigene Solarzellen (im Lampenkörper) und eigenen Akku verfügen. Das erleichtert die Installation. Hier sollten jedoch Leuchten benutzt werden, die sowohl über einen PIR-Bewegungsschalter als auch über einen Dämmerungsschalter verfügen.

Lampen, die kein eigenes Solarmodul haben, werden in der Regel von einem Akku (gemeinsamen Akku) betrieben. Was während der Nacht an Energie dem Akku entnommen wird, muss am kommenden Tag – oder während einiger der folgenden Tage – nachgeladen werden. Abhängig von der vorgesehenen „Aufenthaltsdauer" und von den Wetteraussichten muß die Kapazität des Akkus so gewählt werden, dass er auch bei einem teils regnerischen Wetter die Stromversorgung bewältigt.

Abb. 3.2: Größere Solarlampen benötigen in der Regel auch eine entsprechend große Solarzellenfläche, die als Ladestrom-Quelle für einen leistungsstarken Akku dient, der wiederum als Energiespeicher entweder nur für seine eigene Lampe oder auch für mehrere Lampen zuständig ist

Als Grundlage für die Berechnung der Akku-Kapazität dient hier der Stromverbrauch der Lampe(n) und die vorgesehene tägliche Leuchtdauer.

3.1 Solarbeleuchtung

Beispiel: Eine 12 V/0,9 A-Lampe soll etwa 0,4 Stunden „pro Nacht" leuchten. 0,9 A x 0,4 Stunden = 0,36 Ah. Diese 0,36 Ah „entnimmt" die Lampe pro Nacht dem „Anlagen-Akku". Wenn zu diesem Zweck ein gut aufgeladener 4 Ah-Akku verwendet wird, hat er am nächsten Tag nur noch eine „Rest-Kapazität von 3,64 Ah (4 Ah – 0,36 Ah = 3,64 Ah).

Ohne jegliches Nachladen würde dieser Akku etwa 11 Nächte lang die Stromversorgung der Lampe bewältigen (4 Ah : 0,36 Ah ≈ 11,1). Normalerweise wird der Akku jedoch „zwischendurch" (wetterabhängig) von einem Solarmodul nachgeladen.

Ein 4-Ah-Bleiakku darf mit einem Strom von max. 0,4 Ah (10% seiner Kapazität) geladen werden. In diesem Fall wären jedoch 0,4 A eigentlich „zu viel des Guten", denn somit wäre der tägliche Energieverbrauch innerhalb von ca. 65 Minuten nachgeladen (wobei beim Nachladen auch 20% auf Ladeverluste einbezogen sind).

Rein technisch ist gegen so ein promptes Nachladen zwar nichts einzuwenden, aber das Solarmodul wäre bei diesem „übertrieben hohen" Ladestrom unnötig teuer. Daher wäre es vernünftiger, wenn man sich mit einem etwas niedrigeren Ladestrom – von z.B. 0,2 A (200 mA) – zufrieden gibt.

Das Solarmodul wäre dann nur halb so groß und etwa halb so teuer als das „0,4 A-Modul". Die Ladezeit verdoppelt sich von den 65 Minuten auf ca. 130 Minuten (auf 2 Stunden und 10 Minuten).

Dies gilt natürlich nur in der Theorie. In der Praxis wird an so manchen Tagen der Himmel etwas bedeckt – bzw. zeitweise etwas bewölkt, usw. Bei diesem relativ kleinen Stromverbrauch dürfte man davon ausgehen, dass sich an „irgendeinem Tag" die Sonne wohl von ihrer besten Seite zeigen wird und der Akku dann wieder zumindest teilweise nachgeladen werden kann.

Wir sehen uns nun interessehalber an, wie es mit dem Nachladen wäre, wenn 7 Tage lang ein regnerisches Wetter herrschen würde und danach, am achten Tag, die Sonne 6 Stunden lang „perfekt" scheint (wobei der Akku vom Solarmodul mit einem Ladestrom von 0,2 A nachgeladen wird):

7 Tage x 0,36 Ah (an Energieverbrauch der Lampe) = 2,52 Ah

Dieser Verbrauch sollte nun wieder vom Solarmodul nachgeladen werden. Wenn in unserem Fall (am 8. Tag) die Sonne 6 Std. lang voll scheinen wird, ergibt sich daraus ein „Energievolumen" von 6 Std. x 0,2 A = 1,2 Ah. Davon entfallen ca. 0,2 Ah auf Ladeverluste und der Akku wird somit um 1 Ah (auf 3,52 Ah) aufgeladen.

Solarstromnutzung beim Campen

> Fazit: in diesem Fall müßte der Akku evtl. noch an einem der folgenden Tage etwas nachgeladen werden – falls inzwischen nicht die Heimkehr auf dem Programm steht.

Dieses einfache Beispiel lässt sich natürlich beliebig „ausbauen": Es können mehrere Lampen, diverse andere Verbraucher, Betriebszeiten und dementsprechend auch andere Akku-Kapazitäten eingeplant werden. Was das benötigte Solarmodul angeht, finden Sie Näheres darüber in Kap. 7.

3.2 Heizen mit Solarstrom

Vor allem beim Zelten während der etwas kühleren Jahreszeit – oder im Hochgebirge – kann es nachts unangenehm kalt werden. Hier ist manchmal ein kleines elektrisches Heizkissen – das bereits im 1. Kapitel angesprochen wurde – sehr willkommen. Mit der Solarstromversorgung klappt es dabei allerdings nur auf die Art, dass tagsüber mit Solarstrom ein Akku geladen wird, der entweder für die Energieversorgung von mehreren Verbrauchern oder evtl. nur für ein oder zwei Heizkissen zuständig ist.

Die Dimensionierung einer solchen Mini-Solaranlage dürfte sicherlich auch von der Art des Fortbewegungsmittels abhängen, das die Batterie und das Solarmodul zu transportieren hat. Wer mit einem Auto fährt, der braucht sich in der Hinsicht nicht allzusehr einschränken. Wer dagegen einen Akku mit einem Fahrrad oder Motorrad transportieren muss, der wird den größten Wert darauf legen, dass der ganze Spaß die zumutbaren Grenzen nicht überschreitet.

In dem Fall dürfte z.B. ein kleiner 12 V/ 5 Ah-Bleiakku in Hinsicht auf sein geringes Gewicht (von ca. 1,5 kg) unter Umständen sehr gute Dienste leisten. Er würde ein kleines Heizkissen lange genug warm halten und eine Unterkühlung verhindern. Was „lange genug" ist, dürfte natürlich vom Wetter abhängen und unter Umständen angezweifelt werden.

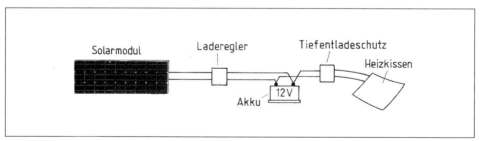

Abb. 3.3: Anordnung der Bausteine einer Mini-Solaranlage für die Solarstromversorgung eines (oder auch mehrerer) elektrischen Heizkissens bzw. anderer Geräte, die an den Akku (allerdings über den Tiefentladeschutz) angeschlossen werden

3.1 Solarbeleuchtung

Wir sehen uns daher die Sache erst von der Seite der Energie-Kapazität an: Erfahrungsgemäß kann bereits ein 12 V/20 Watt-Heizkissen einen ausreichenden Beitrag dazu leisten, dass der Körper (in einem Schlafsack) genügend unterstützende Wärme erhält. 20 W geteilt durch 12 V ergeben eine Stromabnahme von 1,67 A. Unser 5 Ah-Akku könnte somit etwa 3 Stunden lang das Heizkissen mit Strom versorgen (5 Ah : 1,67 A = 2,99 Stunden). In der Praxis wird der Tiefentladeschutz vielleicht das Heizkissen etwas eher abschalten, aber der Unterschied dürfte bei einem gut aufgeladenen Akku „in erträglichem Rahmen" bleiben.

Als Nächstes stellt sich die Frage des Nachladens: Ein 5 Ah-Akku darf maximal mit einem Ladestrom von 0,5 Ah (10% seiner Kapazität) geladen werden. Bei Berücksichtigung von den zusätzlichen 20% für Ladeverluste erhöht sich der Nachladebedarf von 5 Ah auf 6 Ah (6 Amperestunden). Der Akku muß demnach mindestens 12 Stunden lang mit einem Strom von 0,5 Ah geladen werden, um wieder auf seine volle Kapazität aufgeladen zu werden. Wir wissen inzwischen, dass so ein Akku in der Lade-Endphase nicht mehr den vollen Ladestrom, sondern nur einen geringeren Strom bezieht. Dadurch verlängert sich die Nachlade-Zeitspanne bestenfalls auf ca. 15 bis 16 Stunden. Das ist aber ungefähr doppelt so lange, als die Sonne pro Tag scheint.

Was nun? Im einfachsten Fall kann man sich damit zufriedengeben, daß der 5 Ah-Akku nur soweit nachgeladen wird, wie es das Wetter ermöglicht. An einem sonnigen Tag könnte man den Akku bei etwas Glück ca. 8 Stunden lang laden.

Während dieser „ersten" 8 Stunden befindet sich der leere Akku noch in der „Durstphase", bei der er mit Hilfe des Ladereglers *fast* den vollen Ladestrom von 0,5 A bezieht. Das hieße, dass der Akku während dieser Zeitspanne auf eine Kapazität von ca. 3 Ah nachgeladen wird – vorausgesetzt die Sonne schien tagsüber ununterbrochen und ausreichend kräftig.

Rechnerisch ergibt sich daraus (in vereinfachter Form) eine Ladung von 8 Stunden x 0,5 Ah (= 4 Ah), wovon 20% auf Ladeverluste verloren gehen. Das ergibt 3,2 Ah, die wir auf 3 Ah abrunden (es handelt sich ja nur um einen Ladestrom von *fast* 0,5 A).

Diese „nachgeladene" Akku-Kapazität würde allerdings während der nächsten Nacht das 20-Watt-Heizkissen nicht mehr 3 Stunden lang, sondern nur etwa 1,8 Stunden lang mit Strom versorgen können (3 Ah : 1,67 ≈ 1,8 Stunden). Dasselbe dürfte dann in diesem Fall auch für alle darauffolgenden Tage und Nächte gelten – vorausgesetzt, das Wetter zeigt sich „kooperativ".

Wir haben dieses nicht gerade „anwenderfreundliche" Beispiel gezielt deshalb gewählt, weil sich hier auch eine interessante Lösungsalternative gegenüberstellen läßt:

Man nehme für dasselbe Anliegen anstelle des 12 V/5 Ah-Akkus einen 12 V/9 Ah-Akku. Wenn hier dasselbe 20 W/1,67 A-Heizkissen drei Stunden lang vom Akku versorgt wird, verbraucht es ebenfalls ca. 5 Ah der Akku-Kapazität. Ein 9 Ah-Akku darf jedoch mit

Solarstromnutzung beim Campen

einem Ladestrom von 0,9 A geladen werden (10% der Akku-Kapazität). Wenn hier das Solarmodul entsprechend dimensioniert wird (z.B. als ein 18 V/0,9 A-Modul), kann die vom Heizkissen verbrauchte Kapazität bei schönem Wetter bereits innerhalb von ca. 6,7 Stunden voll nachgeladen werden (6,7 Stunden x 0,9 Ah ≈ 6 Ah). In den 6 Ah sind auch die 20% auf Ladeverluste einbezogen.

Dieser „Trick" mit der „großzügigeren" Dimensionierung der Akku-Kapazität hat bei der Solaranlagen-Planung eine allgemeine Gültigkeit. Wir haben bei dieser Anwendung die Tatsache berücksichtigt, dass der Akku eventuell nur mit einem Fahrrad oder Motorrad transportiert wird und daher weder zu groß, noch zu schwer sein darf (ein 9 Ah-Akku wiegt immerhin ca. 2,4 kg). Wenn so ein Akku einfach im Auto mitgenommen werden kann, braucht man bei der Dimensionierung nicht so knauserig sein. Dann könnte z.B. ein noch größerer Akku sogar während einiger völlig regnerischen Tage das Heizkissen mit Strom versorgen und erst an einem darauffolgenden sonnigen Tag wieder nachgeladen werden.

Aus diesen Überlegungen geht hervor, dass die Dimensionierung einer solarelektrischen Stromversorgung ziemlich viel Spielraum bietet. Dabei kommt es verständlicherweise auch darauf an, wieviel Tage (bzw. Nächte) das Campen dauern soll oder welche Ansprüche an so eine „Solarheizung" gestellt werden. Es kann ja sein, dass mehrere Heizkissen betrieben werden sollen oder dass eine andere Betriebs-Zeitspanne vorgesehen ist. Auch in diesem Zusammenhang weisen wir auf Kap. 7 hin.

3.3 Kochen mit Solarstrom

Schnell zum Frühstück Kaffee oder Tee kochen? Mit einem kleineren elektrischen 12 Volt-Wasser- oder Kaffeekocher läßt es sich leicht machen. Als Stromquelle kommt dabei üblicherweise nur ein Akku in Frage, der „danach" mit Solarstrom nachgeladen wird.

Mit der Berechnung der benötigten Akku-Kapazität ist es nicht anders, als bei den vorhergehenden Beispielen. Die meisten elektrischen Kochgeräte dieser Art haben zwar einen relativ hohen Strombedarf, aber benötigen den elektrischen Strom wiederum nur eine ziemlich kurze Zeit.

Einiges darüber wurde bereits im Kap. 2.4 erklärt, aber dort handelte es sich um einen Direktbetrieb des Wasserkochers vom Solarmodul. Wird der Wasserkocher mit elektrischem Strom von einem Akku versorgt, interessiert uns sein „energetischer Bedarf" in Amperestunden (Ah), die er dem Akku „abzapft".

Ein 12 V/25 A-Wasserkocher, der 10 Minuten lang (≈ 0,17 Stunde) seinen Strom vom Akku bezieht, verbraucht

$$25\,A \times 0{,}17\,Std. = \underline{4{,}25\,Ah}$$
von der Akku-Kapazität

Dieser „Kapazitätsverlust" muss dem Akku wieder „bei der ersten besten Gelegenheit" nachgeladen werden.

3.1 Solarbeleuchtung

Wer zu diesem Zweck seine Autobatterie anzapft, der muss vernünftig „durchkalkulieren", wieviel er ihr zumuten darf, ohne sich dabei der Gefahr auszusetzen, dass danach sein Auto nicht mehr startet. Wenn sich der Automotor erfahrungsgemäß immer leicht anlassen lässt und wenn die Autobatterie intakt, ausreichend groß und gut aufgeladen ist, wird sie ein derartig kleines „Anzapfen" durch einen externen Verbraucher problemlos verkraften.

Darunter dürfte man sich konkret Folgendes vorstellen: Angenommen, die Autobatterie hat eine Nennkapazität von 60 Ah und konnte während der letzten Fahrt „ziemlich gut" nachgeladen werden. Wie gut sie tatsächlich nachgeladen wurde, lässt sich „messtechnisch" (mit einem Voltmeter) nicht allzu genau feststellen, denn man kann nur ihre jeweilige Spannung, aber nicht ihren „energetischen Inhalt" (in Ah) messen.

> **Wichtig**
> Wenn die Spannung eines Akkus (einer Autobatterie) mit einem Voltmeter kontrolliert wird, muß der Akku *grundsätzlich* mit einem Verbraucher (mit z.B. einer Lampe nach *Abb. 3.4*) belastet werden. Natürlich nicht derartig „schwer", dass er sich dadurch bereits während des Messens unnötig entlädt.

Die jeweilige Spannung weist bei einer Autobatterie (wie auch bei anderen Akkus) nur *ungefähr* auf ihre „zur Verfügung stehende" Kapazität hin. Die „offizielle" Nennspannung einer Autobatterie wird zwar mit 12 Volt angegeben, variiert jedoch – abhängig davon, ob sie voll oder nur geringfügig aufgeladen ist – zwischen ca. 10,5 und 13,6 Volt. Wenn ein Voltmeter an einer 12 V-Autobatterie eine 12 V-Spannung (unter Belastung) anzeigt, weist es eigentlich darauf hin, dass die Batterie „in etwa" nur noch „halb" geladen ist (und somit auch nur noch ca. die Hälfte ihrer offiziellen Kapazität zu bieten hat).

Bei allen diesen Überlegungen ist zu berücksichtigen, dass die Kapazität der Autobatterien kleinerer Personenautos oft nur bei 36 bis 40 Ah liegt. Die Batterie-Kapazität ist auf den Automotor so abgestimmt, dass sie auch in einem „halb geladenen" Zustand unter ungünstigen Bedingungen (Frost, Feuchtigkeit, alte Zündkerzen) ihre Aufgabe meistert. Darunter ist zu verstehen, dass der Fahrzeugmotor etwa fünfmal nacheinander (mit jeweils 10 Sekunden Pause) angelassen werden kann, bevor die Batterie-Restkapazität erschöpft ist.

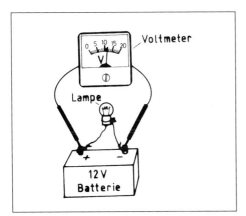

Abb. 3.4: Die Spannung eines Akkus soll grundsätzlich nur unter Belastung (mit z.B. einer kleineren 12 V-Lampe) gemessen werden (beim Messen der Spannung einer Fahrzeugbatterie kann z.B. das Parklicht eingeschaltet werden)

Solarstromnutzung beim Campen

Im Zusammenhang mit dem Campen hängt die Kapazität der Autobatterie am „Campingplatz" auch davon ab, wie gut die Batterie während der Anfahrt von der Lichtmaschine nachgeladen werden konnte. Wenn während der letzten Fahrt die Autolichter, Scheibenwischer und die Auto-Musikanlage voll eingesetzt wurden, konnte die Lichtmaschine bestenfalls nur sehr geringfügig die Autobatterie nachladen. Und falls dabei auch noch der Anlasser oft betätigt wurde, wird die Autobatterie wahrscheinlich nicht einmal mehr den Wasserkocher verkraften können.

In solchen Fällen erweist sich als sehr praktisch ein kleines Solarmodul, das z.B. am Autodach montiert wird und sowohl die Autobatterie als evtl. auch noch eine Zweitbatterie (z.B. eine preiswerte 12 V/36 Ah-Autobatterie) „mehr oder weniger laufend" nachladen kann.

Die Dimensionierung des Solarmoduls hängt auch hier davon ab, wie man die Wetterbedingungen während der „Anwendungsperiode" einschätzt. Der Ladestrom einer 36 Ah-Autobatterie (bzw. eines anderen vergleichbar großen Bleiakkus) darf max. 3,6 A betragen.

Damit ist die Höchstgrenze des Solarzellen-Nennstroms festgelegt. Die Solarspannung dürfte bei ca. 17 V (im Sommer) bis 20 V (für die „trübere" Jahreszeit) liegen.

Wenn wir einfachheitshalber mit einer Solarspannung von 18,5 V rechnen, ergibt sich daraus bei einem 3,6 A-Ladestrom eine Modulen-Nennleistung von 66,6 Watt (18,5 V x 3,6 A = 66,6 W). Ausgehend davon, dass ein modernes Solarmodul etwa 120 bis 130 W/m^2 aufbringt, wäre die benötigte Modulenfläche etwa 0,5 m^2 groß (z.B. 50 x 100 cm oder 70 x 71 cm).

Eine derartig große Modulenfläche – bzw. Modulenleistung – würde unter optimalen Wetterbedingungen ein tägliches Nachladen der Batterie(n) um 25 Ah ermöglichen. Oft wird ein wesentlich bescheideneres Nachladen genügen und das Solarmodul kann dann in Bezug auf seine Größe und Nennleistung z.B. halbiert werden. Anderseits ist am Autodach auch für ein wesentlich größeres Solarmodul Platz genug und bedarfsbezogen kann somit auch eine entsprechend größere Zweitbatterie solarelektrisch geladen werden.

Solarstromnutzung im Caravan und Reisemobil 4

Im Caravan oder Reisemobil kann unter Umständen die Anzahl der elektrischen Verbraucher sehr umfangreich sein: Leuchtkörper, Kühlschrank, Klimageräte, Umluftgebläse, Audio- und Videogeräte, Navigationssysteme, Mikrowelle, Elektrogrill, Wasser-/Kaffeekocher, elektrische Einstiegstufe, elektrisch verstellbare und beheizbare Spiegel, Staubsauger, Rückfahrkamera, elektrische Schreibmaschine, Computer, Alarmanlage, Geschirrspüler, usw. Einige der hier aufgeführten Verbraucher (worunter der Geschirrspüler) gehören zwar nur in Reisemobilen gehobener Preisklassen zum Inventar, aber sie kommen vor und müssen dann auch funktionieren.

Die meisten Caravans und Reisemobile verfügen bereits über eigene „Bord-Akkus" (Zweitbatterien), die zumindest zum Teil direkt vom Fahrzeugmotor geladen werden. Größere Caravans oder Reisemobile sind sogar mit einem zusätzlichen elektrischen Benzin- oder Dieselgenerator ausgerüstet, der für die Bordelektrik zuständig ist. An sich eine feine Sache, aber die Lärm- und Gestankentwicklung beschränkt die Nutzung an Standorten mit mehreren Teilnehmern.

Bei vielen Caravans und Reisemobilen hat der Zweitakku nur eine ziemlich niedrige Kapazität (oft nur zwischen ca. 60 und 90 Ah). Damit läßt sich in der Praxis nicht allzuviel anfangen. An vielen westeuropäischen Campingplätzen steht zwar ein elektrischer Netzanschluss zur Verfügung – allerdings nicht an allen. Zudem hat man keinen Stromanschluss während der Anfahrt, die manchmal einen ganz respektablen Teil des Urlaubs in Anspruch nimmt.

Abgesehen davon, ist es nicht gerade jedermanns Sache, dass er seinen ganzen Urlaub an einem einzigen Campingplatz verbringt. Wer etwas mehr herumfährt, wird in der Regel eine eigene unabhängige leistungsfähige Stromversorgung besonders begrüßen.

Abb. 4.1: Zwei kleinere Solarmodule am Caravandach können die Bordbatterie auch während der Fahrt nachladen

Solarstromnutzung im Caravan und Reisemobil

Abb. 4.2: Ein flexibles Solarmodul am Reisemobil- oder Caravandach hat den Vorteil, dass während der Fahrt keine zusätzlichen Luftgeräusche durch die Module entstehen

Als Erstes stellt sich hier die Frage der optimalen Kapazität des Zweitakkus, der für den „Wohnkomfort" zuständig ist. Soweit es sich um einen Caravan-Zweitakku handelt, kann dieser zu einem Teil von der Pkw-Lichtmaschine geladen werden. Vor allem dann, wenn die eigentliche Autobatterie des Pkws während einer Fahrt am „helllichten" Tag nur zum Anlassen des Motors benötigt wird und daher nur geringfügig nachgeladen werden muß. Somit kann fast die volle Leistung der Lichtmaschine zum Nachladen der Zweitbatterie (im Caravan) genutzt werden. Allerdings nur dann, wenn das Fahrzeug herstellerseits für diese Aufgabe ausgelegt ist. Ansonsten besteht die Gefahr, dass bei einer „Eigenbau-Modifizierung" beim Nachladen des Zweitakkus der eigentliche Fahrzeugakku unter Umständen derartig tief entladen wird, dass er das Fahrzeug nicht mehr anlassen kann.

Zudem setzt so ein „kombiniertes Laden" voraus, dass vor dem Start in den Urlaub die eigentliche Autobatterie möglichst voll geladen wird und dass im Auto selbst ein „Kontroll-Voltmeter" installiert wird, der die Spannung der Autobatterie anzeigt.

Solarstromnutzung im Caravan und Reisemobil

Abb. 4.3: Ein „Mitnahme-Solarmodul" hat den Vorteil, dass es evtl. auch anderweitig verwendet werden kann – allerdings wiederum nur für stationäre Nutzung in Frage kommt

So stellt in den meisten Fällen z.B. ein flexibles Solarmodul am Autodach die beste Lösung dar. Von ihm aus kann sowohl das Nachladen einer Caravan-Bordbatterie als auch evtl. das Nachladen der eigentlichen Autobatterie stattfinden. Dies ist vor allem dann sinnvoll, wenn während der Fahrt (oder während des Parkens) an die Autobatterie diverse „stromfressende" Verbraucher (Kühlbox, Kaffeekocher, Unterhaltungselektronik) angeschlossen wurden und diese zu sehr „leergepumpt" haben.

4.1 Kühlen und Lüften mit Solarstrom

Kühlen und Lüften mit Solarstrom hat verständlicherweise den großen Vorteil, dass es sich um ein Vorhaben handelt, dessen Bedeutung insbesondere tagsüber um so größer ist, je kräftiger die Sonne scheint.

Unter solchen Bedingungen kann der Solarstrom ohne eine Zwischenspeicherung direkt zum Betreiben von Klimaanlagen, Kühlgeräten oder Lüftern genutzt werden. Allerdings nur zeitlich beschränkt, denn an so manchen heißen Tagen hält die Hitze bis Mitternacht an (man kann dann nicht einmal einschlafen). In dem Fall ist es von Vorteil, wenn die Solaranlage bevorzugt so konzipiert ist, dass sie wahlweise sowohl für den Direktbetrieb der vorgesehenen Geräte als auch zum Nachladen des Bord-Akkus verwendet werden kann.

Theoretisch klingt das Ganze vernünftig, praktisch lässt es sich auch verwirklichen, kostet jedoch eine „Stange Geld". Leider. Es ergibt aber keinen „tieferen Sinn", wenn man

Solarstromnutzung im Caravan und Reisemobil

mit einem Caravan oder Reisemobil durch die Gegend fährt, um Spaß am Leben zu haben und dabei „tierisch" unter der Hitze leidet.

Die eigentliche Solarstromversorgung kann bei derartigen Fahrzeugen sehr großzügig am Fahrzeugdach angelegt werden. Die Solarleistung lässt sich in dem Fall ausreichend dimensionieren, um einige der Verbraucher evtl. auch direkt betreiben zu können.

Die Summe des Strom- bzw. Energiebedarfs ergibt sich auch hier einfach aus der Stromabnahme einzelner Verbraucher, die betrieben werden sollen.

Ventilatoren arbeiten in der Hinsicht ziemlich „energiesparend". Wesentlich schlimmer ist es mit elektrischen Kühlgeräten bzw. Klimaanlagen (das sind echte Stromfresser). Es gibt jedoch spezielle Solar-Kühlschränke, die nur einen Energieverbrauch von ca. 300 bis 400 Wh pro Tag in Anspruch nehmen. Das sind umgerechnet 25 bis 33,3 Ah an täglichem Verbrauch von der „Bordbatterie-Kapazität".

Ein Kühlschrank benötigt verständlicherweise eine kontinuierlich zur Verfügung stehende Stromversorgung. Um Solarstrom zu sparen, der durch Ladeverluste verloren geht, können sowohl der Kühlschrank als auch diverse andere Verbraucher als wahlweise „umschaltbar" vom Solarmodul auf die Bordbatterie nach *Abb. 4.4* installiert werden.

Kap. 2.1 befasste sich mit einer solarbetriebenen Kühlbox, die themenbezogen nur im Direktbetrieb vom Solarmodul genutzt wur-

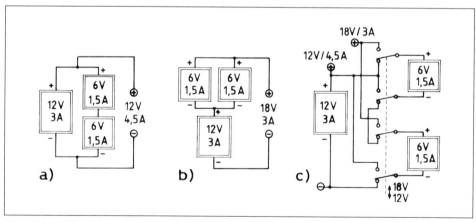

Abb. 4.4: Wenn die Spannungen und Leistungen der Solarmodule im Verhältnis von **1 : 2** aufeinander angepasst sind (wie hier dargestellt wurde), können die Solarzellen ohne Leistungsverluste sowohl für einen Direktbetrieb als auch zum Laden genutzt werden: a) Seriell-parallele Verschaltung der Module für einen Direktbetrieb von 12 V-Verbrauchern b) Durch Änderung der Verschaltung steht eine Ladespannung von 18 V zur Verfügung. c) Praktisches Lösungsbeispiel einer manuellen Modulen-Umschaltung mit Hilfe von einem 4xUM-Schalter

Solarstromnutzung im Caravan und Reisemobil

de. Bei einem kleineren Caravan oder Reisemobil kann evtl. anstelle eines Kühlschranks auch nur eine kleine Kühlbox verwendet werden. Allerdings nur um Raum zu sparen, denn auch eine der kleinsten tragbaren Auto-Kühlboxen verbraucht oft mehr Strom als ein vielfach größerer Solar-Kühlschrank. Das liegt bei der Kühlbox an ihrem preiswerten, aber „energieverschwendendem" Peltier-Kühlelement.

> *Wichtig*
> Kleinere handelsübliche Kühlschränke werden zwar größtenteils als Kompressor-Kühlschränke, teilweise jedoch auch als Absorptions-Kühlschränke konzipiert. Falls Sie für Ihr Vorhaben keinen „echten" Solarkühlschrank finden, achten Sie darauf, dass Ihnen nicht ein Absorptions-Kühlschrank unterläuft. Kühlschränke dieses Typs arbeiten zwar sehr leise (was für die Nachtruhe in einem Hotelzimmer von Vorteil ist), aber sie haben einen wesentlich größeren Stromverbrauch als Kompressor-Kühlschränke.

4.2 Solarstrom für die Beleuchtung

Die Berechnung des täglichen Verbrauchs von Leuchtkörpern wurde bereits im Kap. 3.1 ausreichend erklärt. Bleibt nur noch der Hinweis darauf, dass sowohl normale Glühlampen als auch Halogenlampen einen zu niedrigen Wirkungsgrad haben und in Kombination mit Solarstrom-Versorgung daher bevorzugt durch energiesparende Leuchtstofflampen ersetzt werden sollten (siehe hierzu Kap. 8.1).

Wenn ein Caravan oder Reisemobil nur während der Sommerzeit genutzt wird, ist der Bedarf an elektrischer Innenbeleuchtung minimal. Als Diebstahl- bzw. Einbruchssicherung kann jedoch eine energiesparende Außenbeleuchtung in Betracht gezogen werden (entweder als Dauerbeleuchtung oder in Kombination mit einem Infrarot-Bewegungsschalter und Dämmerungsschalter).

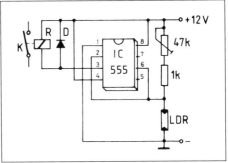

Abb. 4.5: Ein einfacher, aber perfekt funktionierender Dämmerungsschalter mit dem IC 555 (oder NE 555 bzw. ICM 7555): Die erwünschte Lichtempfindlichkeit (Schaltschwelle) eines beliebigen preiswerten Fotowiderstandes (LDR) wird mit dem rechts eingezeichneten 47 kΩ-Potentiometer (Trimmpoti) eingestellt. Der Schaltkontakt K des Relais R kann eine oder mehrere Lampen schalten. Diode D = 1 N 4148 (Bauteilen Bezugsquelle: Conrad Electronic).

Ein Dämmerungsschalter findet gerade im Zusammenhang mit der Solarbeleuchtung viele Anwendungsmöglichkeiten und lässt sich auch im Selbstbau sehr leicht, problemlos und preiswert nach dem Schaltplan in Abb. 4.5 erstellen. Diese Schaltung funktioniert auf Anhieb und wenn der Relaisspulen-

Widerstand überhalb von ca. 220 Ω liegt, kann anstelle des eingezeichneten Timer-ICs „555" das energiesparende IC „ICM 7555" verwendet werden (das IC „555" bzw. „NE 555" ist jedoch strapazierfähiger). Bei der Wahl des Relais ist auf die vom Hersteller angegebene Kontaktbelastung (in Ampere) zu achten. Der Relaiskontakt **K** sollte für eine *Dauerstrombelastung* ausgelegt sein, die *zumindest* etwa das Fünffache von dem geschalteten Strom beträgt.

4.3 Heizen mit Solarstrom

Heizen mit Solarstrom ist bei einem Caravan oder Reisemobil bei dem heutigen Stand der Technik leider nur in einem kleineren Umfang realisierbar. In der Praxis kommen (während der kühleren Jahreszeit oder an kühlen Nächten) vor allem elektrische Heizkissen oder Heizdecken zum Einsatz, die ihren Strom aus einer entsprechend dimensionierten Bordbatterie beziehen (dieses Thema wurde bereits im Kap. 3.2 behandelt).

Eine andere Möglichkeit bietet z.B. das Beheizen eines Innen-Sitzplatzes mit Hilfe von Infralampen, Infrastrahlern oder auch mit einem Kfz-Heizlüfter als Fußwärmer.

Kleine 12 V-Kfz-Heizlüfter, die z.B. nur eine Stromaufnahme von ca. 12,5 A (Leistungsaufnahme von 150 W) haben, leisten während der kühleren Jahreszeit auch tagsüber sehr willkommene Dienste. Wenn zudem die Sonne scheint, kann so ein Heizlüfter den Strom direkt vom Solarmodul beziehen. Dasselbe gilt z.B. für eine Infrarotlampe (die annähernd dieselbe Aufnahmeleistung hat).

Von der Größe der zur Verfügung stehenden Solarzellenfläche hängt dann ab, wieviel Wärme auf diese Weise erzeugt werden kann. Normalerweise lässt sich die Innentemperatur im Caravan oder Reisemobil *solarelektrisch* zwar angenehm erhöhen, aber eine „echte" Beheizung des Innenraums wäre mit dieser Energiequelle nur bedingt realisierbar. Wenn z.B. die ganze Dachfläche eines Caravans oder Reisemobils mit Solarzellen (Solarmodulen) versehen ist, kann die Solarleistung an einem kalten, aber sonnigen Tag die Innenheizung bewältigen. Allerdings nur solange die Zellen optimal bestrahlt sind. Danach ist „der Ofen aus". Eine Abhilfe bieten diverse zusätzliche Energiequellen – worunter auch Windgeneratoren.

4.4 Kochen mit Solarstrom

Ähnlich wie das Heizen beschränkt sich auch das Kochen (oder Aufwärmen) mit Solarstrom nur auf einige einfachere Aufgabenbereiche.

Ziemlich unproblematisch ist es mit dem Kaffeekochen, Teewasser-Kochen, beim Aufwärmen von Babynahrung, kleineren Mahlzeiten oder des Wassers fürs Waschen, Abwaschen und evtl. Rasieren.

Zur Vorinformation: Die kleinsten Wasserkocher sind als ca. 12 Volt/125 Watt-Geräte ausgelegt und haben einen Wasserinhalt von etwa 0,4 Liter. Das reicht für zwei Tassen Kaffee oder Tee bzw. fürs Aufwärmen von Babynahrung. Die Brühzeit nimmt hier – abhängig von der „Ausgangstemperatur" des verwendeten Wassers – ca. 20 Minuten (= $^1/_3$ Stunde) in Anspruch.

Sehen wir uns interessehalber kurz an, wie es hier mit dem Energiebedarf steht:

125 W : 12 V = 10,42 A
10,42 A **x** 0,34 Stunde ≈ 3,5 Ah

Aus diversen vorhergehenden Beispielen wissen wir bereits, dass hier die 3,5 Ah von der zur Verfügung stehenden Kapazität eines Akkus verbraucht werden.

Alternativ zu diversen Wasserkochern (die wahlweise für Spannungen von 12 V oder 24 V erhältlich sind) führt der Handel auch „echte" 12 Volt- bzw. 24 Volt-Kaffeemaschinen, die oft mit einem Anschluss an den Pkw-Zigarettenanzünder angeboten werden.

Wer auf sein Frühstück nicht verzichten möchte, der kann einen elektrischen Eierkocher auf die Reise mitnehmen. Diese sind jedoch in 12 V- oder 24 V-Ausführung nur schwierig auffindbar und oft bleibt keine andere Wahl, als den Eierkocher als „Netzgerät" über einen Wechselrichter 230 V zu betreiben.

Ein kleinerer elektrischer Eierkocher (für max. 7 Eier) verbraucht „pro Einsatz" etwa 2,9 Ah von der Akku-Kapazität. Wenn er über einen Wechselrichter betrieben wird, dessen Wirkungsgrad z.B. nur bei 92% liegt, steigt der Energieverbrauch um diesen Verlust (auf ca. 3,16 Ah). Damit lässt sich „leben".

Etwas umständlicher ist es mit der Ermittlung des Energieverbrauchs einer „Mikrowelle". Hier hängt einerseits vom Gerät selbst, andererseits auch von der Art und Menge der Speise ab, wie lange sie gegart oder erhitzt werden muss.

Als eine reine Vorinformation über die Größenordnung des Energieverbrauchs dürfte hier Folgendes gelten: Die benötigte Leistung liegt in den meisten Fällen zwischen ca. 300 und 600 Watt. Das Aufwärmen von vorbereiteten Speisen (Fertiggerichten) dauert zwischen etwa 3 bis 7 Minuten. Daraus ergibt sich ein Energieverbrauch von ca. 1,25 Ah bis 6,4 Ah von der Akku-Kapazität. Beim Garen von Fleisch (das 15 bis 40 Minuten in Anspruch nimmt), liegt der Energieverbrauch bei ca. 8,2 Ah bis 25 Ah der Akku-Kapazität.

Diese Angaben bzgl. der Mikrowellen-Anwendung beziehen sich auf einen Verbrauch inklusive der Verluste im Wechselrichter (12 V=/230 V~) und dienen nur der allgemeinen Vorinformation. Eine genauere Berechnung des tatsächlichen Energiebedarfs sollte sich grundsätzlich an den Geräten orientieren, die auch tatsächlich verwendet werden.

4.5 Alarmanlage

Auch der Caravan oder das Reisemobil übt auf die Einbrecher eine zunehmende Anziehungskraft aus und eine Alarmanlage gehört zu den mit Abstand besten Einbruchschutz-Vorrichtungen (man will ja nicht durch die Gegend mit Panzertüren oder vergitterten Fenstern reisen).

Solarstromnutzung im Caravan und Reisemobil

Erwiesenermaßen brechen Diebe mit Vorliebe gerade dort ein, wo mehrere Caravans und Reisemobile geparkt sind: Auf Autobahn-Rastplätzen, verschiedenen kleinen Stellplätzen und sogar auf Campingplätzen. Hier ist eine Alarmsirene in Kombination mit einer Alarmbeleuchtung besonders wirkungsvoll, denn sie „alarmiert" die ganze Umgebung und die Diebe suchen logischerweise schnellstens das Weite.

Wer seinen Caravan oder sein Reisemobil abends vor einer Gaststätte abstellt, um dort gemütlich essen zu gehen, der sollte zusätzlich im Besitz eines kleinen Funk-Signalgebers sein, dessen Taschen- oder Gürtel-Empfänger ihm alarmiert, wenn Einbruchsversuche vorgenommen werden.

Handelsübliche Alarmanlagen oder andere Einbruchsschutz-Produkte gibt es in großer Auswahl entweder als komplette Bausätze oder auch als Einzelbausteine. Einige davon sind speziell als Kfz-Einbruchsschutz, andere als Heim-Alarmzentralen ausgelegt. Sie bestehen üblicherweise aus mehreren Alarmschaltern und Sensoren, die entweder mit Hilfe eines dünnen Kabels oder alternativ per Funk mit einer Bord-Alarmzentrale verbunden werden.

Ein Elektroniker wird sich in den meisten Fällen seinen Einbruchsschutz selber erstellen bzw. zusammenstellen. Er kann nach eigenem Ermessen diverse Mikroschalter, Magnetschalter, Bewegungsmelder, usw. an allen Türen und Fenstern anbringen, die für den Einbrecher „einladend" wirken könnten. Diese Einbruchsschutz-Bauteile sind inzwischen auch wahlweise mit integrierten Funksendern erhältlich, wodurch sich evtl. Verbindungsleitungen erübrigen.

Was den damit verbundenen Strombedarf anbelangt, kommt dieser im Standby-Betrieb nur bei den eigentlichen „Alarmgebern" (Sirene, Alarmbeleuchtung) zur Geltung. Die gängigen „Funk-Melder" sind für eine Batterieversorgung ausgelegt. Die Batterie ist direkt in diesen Kleingeräten untergebracht und geht oft länger als ein Jahr mit.

Der Stromverbrauch von diversen 12 V- oder 24 V-Sirenen liegt zwischen ca. 150 mA und 1,5 A. Der Stromverbrauch von „Alarmlampen" dürfte beispielsweise 2 x 1,1 A betragen (bei zwei Leuchtstofflampen, die evtl. auch als normale Außenbeleuchtung verwendet werden). Echte Flutlichtstrahler, die bei größeren Einbruchsschutz-Anlagen (Garten- und Hofanlagen) üblich sind, wären in diesem Fall überflüssig.

Der „kräftigere" Stromverbrauch beschränkt sich bei derartigen Schutzvorrichtungen nur auf einige Minuten, während denen die Sirene heult und die Lampen leuchten. Wenn die „Bewohner" des Caravans oder Reisemobils anwesend sind, schalten sie den ausgelösten Alarm nach einigen Minuten ab. Falls sie abwesend sind, sollte die Dauer des Alarms mit einem Zeitschalter (Timer) beschränkt werden – um die Nachbarn in der Umgebung nicht unzumutbar lange zu belästigen.

Am einfachsten lässt sich ein solcher Timer im Eigenbau nach *Abb. 4.6* erstellen: Wenn Pin 2 des Timer-ICs *„555" (oder ICM 7555)* über einen Alarmkontakt (**START**-Kontakt) kurz mit der Masse verbunden wird, kippt die

Alarmanlage

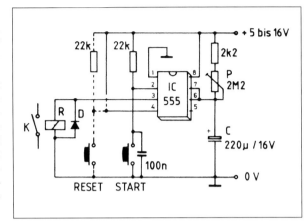

Abb. 4.6: Ein preiswerter Eigenbau-Zeitschalter (Timer) als „Herz" einer einfachen, aber sehr wirkungsvollen Alarmanlage: Das IC 555 *(alternativ auch NE 555 und ICM 7555)* schaltet ein Relais ein, an dessen Arbeitskontakt **K** diverse Alarmgeber angeschlossen werden können; der ohmsche Widerstand der Magnetspule des Relais **R** sollte mindestens ca. 220 Ω betragen, wenn das „energiesparende" IC „*ICM 7555*" verwendet wird; Diode *D* =1 N 4148.

Spannung an seinem Pin 3 von **L**ow auf **H**igh, das Relais **R** springt an und schaltet über seinen Schaltkontakt **K**, die an ihn angeschlossenen Alarmgeber ein. Die Einschaltdauer wird mit dem Einstellpotentiometer **P** auf ca. 4 bis 10 Minuten eingestellt. Mit der RESET-Taste kann der Timer (Alarm) abgestellt werden.

Der Relais-Schaltkontakt **K** sollte – ähnlich wie bei dem Dämmerungsschalter aus *Abb. 4.5* – ausreichend dimensioniert sein (z.B. für einen Dauerstrom von 8 bis 12 A), wenn Verbraucher mit größerer Stromabnahme geschaltet werden. Dieser Relaiskontakt, oder *einer* der Relaiskontakte – falls ein Relais mit mehreren Kontakten verwendet wird – kann eventuell auch einen Alarm-Funksender bedienen, dessen Empfänger bei Abwesenheit am besten bei einem Camping-Nachbarn deponiert wird.

Bei der Anschaffung eines solchen Funk-Alarmmelders ist auf die *Reichweite* zu achten. Am preiswertesten sind für derartige Zwecke auch diverse Funk-Türglocken erhältlich (von denen einige eine Reichweite von 100 m haben). Der Funk-Drucktaster beinhaltet einen Sender, der in dem kleinen Taschenformat-Empfänger ein elektronisches Klingeln oder eine Gong-Melodie auslöst.

Die vom Hersteller angegebene Reichweite hängt bei allen Funkverbindungen von der Art der Hindernisse zwischen dem Sender und dem Empfänger ab. Nicht nur nasse Mauern und Wände, sondern auch magnetische Störfelder (von u.a. Hochspannungsleitungen, Starkstromgeräten oder von diversen anderen Sendern) können die jeweilige Reichweite verringern. Daher sollte auf eine anwendungsbezogene Funktionskontrolle nicht verzichtet werden.

Da man einen Dieb kaum dazu bewegen kann, dass er freiwillig seinen Besuch durch Betätigung einer Klingeltaste anmeldet, muss diese von einem zusätzlichen Alarmkontakt (Mikroschalter) oder mit dem eben erwähnten Relaiskontakt betätigt werden.

Solarstromnutzung im Caravan und Reisemobil

Dass so eine Modifikation bei modernen Produkten üblicherweise nur mit Einsatz von etwas Gewalt gelingt, ist bekannt: das Gehäuse des Drucktasters muss oft brutal auseinandergebrochen werden, um den erwünschten Zugang zu den Anschlüssen des Tasterkontaktes zu finden. Macht nichts, denn es geht hier ja nur um den Sender, der bei etwas Handfertigkeit einen solchen vandalistischen Eingriff überlebt.

Die Versorgungsspannung der handelsüblichen Türglocken-Funksender beträgt sehr oft 12 V – womit das Gerät direkt von einer 12-V-Bordbatterie betrieben werden kann. Falls ein Funksender verwendet wird, der für eine niedrigere Versorgungsspannung (von z.B. 9 V) ausgelegt ist, oder wenn ein 12 V-Funksender an ein 24 V-Bordnetz angeschlossen werden soll, kann die Versorgungsspannung mit einer entsprechenden Zenerdiode (*wie in Abb. 4.7 links*) oder mit einem einstellbaren Spannungsregler (*wie in Abb.*

4.7 rechts) auf den gewünschten Wert reduziert werden. Dies gilt auch für diverse andere elektronische Kleingeräte.

Bei der Anwendung von Zenerdioden ist darauf zu achten, dass die Dioden-Leistung nicht überschritten wird. Über die in *Abb. 4.7* eingezeichnete 0,5-Watt-Zenerdiode *ZPD 3 V* kann beispielsweise ein Kleingerät einen Strom von (theoretisch) ca. 0,166 A beziehen (3 V **x** 0,166 A ≈ 0,3 W).

Einstellbare Spannungsregler sind in der Hinsicht leistungsfähiger und verkraften typenabhängig einen Strom von ca. 0,1 A bis ca. 10 A oder auch mehr. Die in *Abb. 4.7 rechts* aufgeführte Schaltung dürfte zwar als „typisch" für annähernd alle Spannungsregler gelten, aber die Werte des 5 kΩ-Potentiometers **P** und des 240 Ω-Widerstandes gelten nur für die aufgeführten bzw. „verwandten" Typen. Bei Anwendung anderer Regler ist auf die Herstellerangaben zu achten.

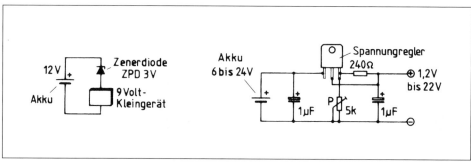

Abb. 4.7: Wenn der Funksender – oder ein anderes elektronisches Gerät – für eine niedrigere Versorgungsspannung ausgelegt ist als die Bordbatterie hat, kann die Spannung auf einfache Weisen reduziert werden: a) mit einer passenden Zenerdiode (was vor allem für Kleingeräte geeignet ist) b) mit einem einstellbaren kurzschlussfesten Spannungsregler *TL 317 LT (0,1 A)* oder *LM 350 T (3 A)* Zu beachten: der Spannungsregler ist in Rückansicht gezeichnet.

Solarstrom auf dem Boot oder auf einer Yacht 5

Die eigentlichen Möglichkeiten der Solarstromnutzung auf einem Boot oder auf einer Yacht sind im Prinzip identisch mit denen, die im vorhergehenden Kapitel im Zusammenhang mit dem Caravan oder Reisemobil beschrieben wurden. Eine Ausnahme bilden hier noch diverse Navigations- und Kommunikationsgeräte, elektrische Ankerwinde, Such- oder Bugscheinwerfer, ein Autopilot oder sogar eine elektrische Waschmaschine mit Wäschetrockner. Hier nimmt der Strombedarf unter Umständen eine kleinere Bordbatterie sehr in Anspruch.

Größere Boote und Yachten verfügen allerdings sehr oft über einen separaten elektrischen Diesel- oder Benzin-Generator, der relativ leise läuft und das elektrische Bordnetz mit Strom voll versorgen kann. Wenn dagegen bei kleineren Booten nur eine etwas bescheidener dimensionierte Lichtmaschine die Stromversorgung bewältigen muss, hat es eine ziemliche Einschränkung der Anwen-

Abb. 5.1: Für ein kleines Solarmodul findet sich leicht irgendwo am Boot Platz ...

Solarstrom auf dem Boot oder auf einer Yacht

dung von elektrischen Geräten bzw. Werkzeugen zufolge. Zumindest solange die Bordbatterie nicht evtentuell vom Netz am Liegeplatz nachgeladen wird. Hier kann eine zusätzliche Solaranlage hervorragende Dienste leisten.

Bei der Planung einer Solaranlage, die evtl. im „Salzwasser" gut funktionieren soll, müssen vor allem die Solarmodule entsprechend strapazierfähig (salzwassertauglich) ausgeführt werden.

Abb. 5.1 und 5. 2 zeigen zwei Beispiele, wie und wo man auf einem Boot oder auf einer Yacht Solarmodule anbringen kann. Im Prinzip ist aber jeder Platz gut, der nicht beschattet wird. Wichtig ist, dass auch hier die Solarzellenfläche ausreichend groß angelegt wird. Hier kann oft zusätzlich zu dem Solarmodul auch noch ein Windgenerator als zweite Energiequelle installiert werden, der besonders in windreichen Gewässern einen wertvollen Beitrag zu der Energieversorgung des Bordnetzes leisten kann.

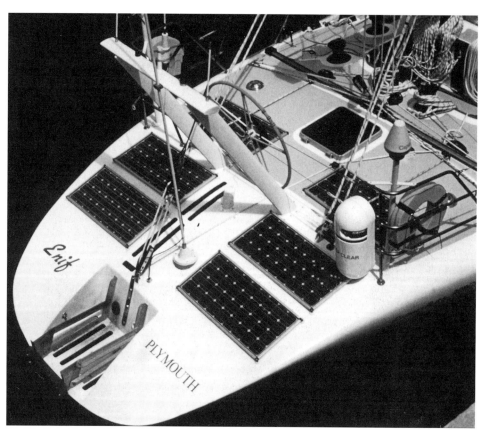

Abb. 5.2: Anordnungsbeispiel mehrerer leistungsfähiger Solarmodule

Solarstrom auf dem Boot oder auf einer Yacht

Abb. 5.3: Einige spezielle Solarmodule für „Wasserfahrzeuge" sind mit diversen schwenkbaren Haltekonstruktionen erhältlich, die eine leichte Verstellung der Modulen-Ausrichtung ermöglichen

6 Wie funktioniert eine Solarzelle?

Wir haben bereits am Anfang dieses Buches die Solarzelle mit einer normalen Batterie verglichen. Allerdings mit dem Unterschied, dass die jeweilige Spannung und Leistung einer Solarzelle von der jeweiligen Belichtung ihrer lichtempfindlichen Fläche abhängen. Sie reagiert auf Belichtung ähnlich wie beispielsweise ein Fahrraddynamo auf die Drehzahl des Rades: Je schneller gefahren wird, desto höhere Spannung, Strom und Leistung liefert der Dynamo an die Fahrradlampen.

Sowohl der Fahrrad-Dynamo als auch die Solarzelle sind elektrische Generatoren, die *eine* Art Energie in eine *andere* Art Energie umwandeln. Bei dem Fahrraddynamo muss der Mensch die benötigte Eingangs-Energie „eigenfüßig" aufbringen, bei der Solarzelle übernimmt diese an sich unsympathische Arbeit die Sonne. Zumindest dann, wenn sie dazu gerade Lust hat.

Als Nächstes stellt sich nun die Frage, welche der handelsüblichen Solarzellen sich für ein Vorhaben am besten eignen. Dies ist jedoch ziemlich unproblematisch: Das Angebot an Solarzellen (als Solarmodulen-Bausteine) beschränkt sich immer noch auf kristalline und amorphe (Dünnschicht-)Solarzellen.

Für die meisten langlebigen Anwendungen kommen nur kristalline Silizium-Solarzellen in Frage. Amorphe Dünnschichtzellen weisen noch zu viele Nachteile auf – worunter die bekannten Ermüdungserscheinungen – und eignen sich für Anwendungen im Außenbereich im Prinzip nur für experimentelle Zwecke.

Der Aufbau einer kristallinen Silizium-Solarzelle ist vom Prinzip her identisch mit dem Aufbau einer Siliziumdiode: eine dünne *Negativschicht* und eine „dickere" *Positivschicht* bilden nach *Abb. 6.1* zwei unterschiedlich dotierte Halbleiterteile, die bei Belichtung zu *Potentialfeldern* werden.

Die *Negativschicht* der Solarzelle bildet den Minuspol, die *Positivschicht* den Pluspol. Die Spannung und die Leistung der Zelle hängt von der Lichtintensität ab, der die obere Zellenschicht ausgesetzt ist. Bei absoluter Dunkelheit weist die Solarzelle kein Potential auf.

Theoretisch spielt es an sich keine Rolle, welche der Zellenschichten als die obere „Sonnenseite" präferiert wird. Auf jeden Fall muss aber die obere *Negativschicht* sehr dünn sein (ca. 0,02 mm), denn der funktionell wichtige *n/p-Übergang* darf nicht zu tief unter der vom Licht bestrahlten Oberfläche liegen.

Die „Sonnenseite" der Zelle wird üblicherweise mit einer zusätzlichen Antireflex-Schicht versehen (z.B. mit Titandioxyd) um Reflek-

Wie funktioniert eine Solarzelle?

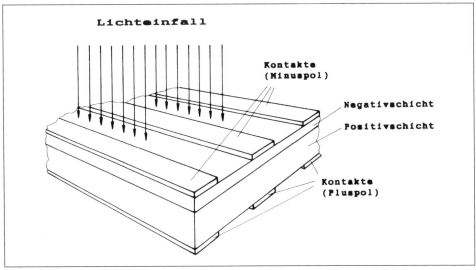

Abb. 6.1: Eine Solarzelle im Schnitt (stark vergrößert; in Wirklichkeit ist so eine Zelle nur ca. 0,4 mm dick)

tionsverluste zu vermeiden. Für einen hohen Umwandlungswirkungsgrad der Solarzelle ist ja wichtig, dass möglichst viele Photonen (Sonnenstrahlen), mit denen die *n-Schicht* bombardiert wird, in den Halbleiter auch eindringen.

Es wurde bereits erwähnt, dass für eine langlebigere Nutzung nur **kristalline** Solarzellen anzuraten sind. Es gibt jedoch auch kurzlebigere Produkte, bei denen gegen den Einsatz von den wesentlich preiswerteren, amorphen Dünnschicht-Zellen nichts einzuwenden ist.

Handelsübliche **kristalline** Solarzellen gibt es in zwei Ausführungsarten: **monokristalline** Zellen **und polykristalline (multikristalline)** Zellen.

Bei der Herstellung von *monokristallinen* Zellen werden monokristalline Blöcke „gezogen" und mit etwa 0.5 mm dünnen Diamantsägen oder Laserstrahlen, wie die Wurst beim Metzger, in dünne Scheiben zersägt. Dasselbe monokristalline Grundmaterial wird bereits traditionell in der Halbleitertechnik bei der Herstellung von Dioden, Transistoren und integrierten Schaltungen (Chips) verwendet.

Ausgangsmaterial ist hier Quarzsand oder auch natürliche Quarzkristalle.

In einem Ofen wird aus dem Grundmaterial durch Reduktion mit Kohle ein metallurgisch reines Silizium gewonnen. Dieses weist allerdings immer noch etwa 2% Verunreinigungen auf, die noch durch ein weiteres aufwendiges Verarbeiten (Reduktion mit Salzsäure und Destillation) ausgeschieden werden müssen. Erst danach hat man ein hochreines Silizium zur Verfügung, das jedoch polykristallin ist.

Wie funktioniert eine Solarzelle?

Dies bedeutet, dass hier sehr viele kleine ungeordnete Kristalle die eigentliche Substanz des Silizium-Materials bilden. Wenn man daraus eine *monokristalline* Struktur haben möchte, müssen diese polykristallinen „Barren" in einem Tiegel nochmals eingeschmolzen werden und unter langsamem, axialem Drehen wird aus dieser Schmelze ein monokristalliner „Balken" gezogen. So ein Stab oder Balken besteht danach nur aus einem einzigen Kristall (daher die Bezeichnung monokristallin) und kann beispielsweise eine Länge bis zu 2 m haben.

Bei der Herstellung der *polykristallinen* Zellen (die manche Hersteller als „*multikristalline Zellen*" bezeichnen) wird flüssiges Silizium in Stahlformen gegossen. Es bildet nach der Erstarrung die typische marmorierte Eisblumenstruktur *nach Abb. 6.2*. So entstehen auch hier Siliziumblöcke, die ebenfalls in dünne Scheiben zersägt werden.

Amorphe Dünnschicht-Zellen werden auf die Weise hergestellt, dass auf eine Glas- oder Kunststoffplatte eine nur wenige Tausendstel Millimeter dünne Siliziumschicht aufgedampft wird.

6.1 Welche Solarzellen sind die besten?

In den letzten Jahren wurden die eigentlichen Herstellungsverfahren bei kristallinen Zellen weitgehend modernisiert. Bei der Herstellung von *monokristallinen* Solarzellen haben sich diverse Vereinfachungen ergeben, bei den *polykristallinen* Solarzellen wurde wiederum die Herstellungstechnologie perfektioniert. Die Unterschiede zwischen dem Wirkungsgrad der mono- und der polykristallinen Zellen wurden geringer.

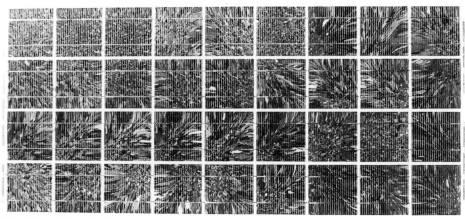

Abb. 6.2: Diese Solarzellenfläche, die aus 36 polykristallinen Solarzellen zusammengesetzt ist, zeigt wie unterschiedlich sich die „marmorierte Eisblumenstruktur" in der Praxis bildet

Wie funktioniert eine Solarzelle?

So gibt es momentan hersteller- oder lieferantenbezogen so manche polykristalline Solarzellen, die es vom Wirkungsgrad her mit den monokristallinen Zellen aufnehmen können. Das muss nicht immer nur eine Frage des Herstellungsverfahrens, sondern auch des Mess- und Testverfahrens sein.

Es ist ja nicht jede Solarzelle parametrisch haargenau gleich. Herstellerbezogen halten sich die Parameter in Grenzen zwischen 5% und 10%.

Oft hängt die Streuung der technischen Zellenparamater auch davon ab, ob der eine oder andere Hersteller die Möglichkeit hat, seine „minderwertigeren" Zellen abseits des Standardangebots zu vermarkten. So gibt es z.B. in der fernöstlichen Spielzeugindustrie bzw. bei Kleinmodulen-Herstellern Abnehmer, denen es nichts ausmacht, wenn die preiswert erstandenen Zellen etwas schwächere Leistungen aufweisen. Anspruchsvollere Kunden können dann wiederum nur die qualitativ hochwertigeren Zellen erhalten (vorausgesetzt, sie sind bereit einen entsprechend höheren Preis zu zahlen).

Bei jeder elektrischen Energiequelle interessieren uns vor allem die Spannungs- und Stromwerte wie auch die Bedingungen, unter denen wir die elektrische Energie abnehmen können bzw. dürfen.

Alle technischen Angaben basieren bei Solarzellen – wie auch bei Solarzellenmodulen – auf folgenden internationalen Standard-Testbedingungen:

Sonneneinstrahlung von 1000 W/m^2 (wolkenloser sonniger Tag), Spektralverteilung von AM 1,5 (= die Photonen „bombardieren" die Zellenfläche optimal senkrecht) und Zellentemperatur von 25 °C

Das sind Bedingungen, die in Deutschland überwiegend nur an sonnigen Sommertagen vorzufinden sind. Allerdings kann es sogar auch im Dezember oder im Januar um die Mittagszeit sonnige Tage geben, an denen die Sonneneinstrahlung nur geringfügig unterhalb der Testbedingungen liegt.

Die Herstellerangaben der Zellenparameter beziehen sich auf technische *Maximumwerte*, die oft auch als *„Nennwerte"* bezeichnet werden. Manche Hersteller und Anbieter benutzen auch noch die Bezeichnung *„Werte bei max. Leistung"*. Alle diese Bezeichnungen haben dieselbe Bedeutung und basieren auf Messungen, die nur unter den Standard-Testbedingungen erzielt werden.

Die wichtigsten technischen Daten einer Solarzelle sind:

- Nennspannung (Spannung bei max. Leistung)
- Nennstrom (Strom bei max. Leistung)
- Nennleistung (max. Leistung)
- Leerlaufspannung
- Kurzschlussstrom
- Wirkungsgrad

Die **Nennspannung** liegt bei monokristallinen Zellen zwischen ca. 0,47 V und 0,48 V und bei polykristalinen zwischen ca. 0,46 V und 0,47 V. Sie ist fast unabhängig von der

Wie funktioniert eine Solarzelle?

Zellengröße. Wenn Sie beispielsweise eine Zelle wie das Eis auf einer Pfütze zertreten, werden alle ihre Bruchstücke weiterhin annähernd dieselbe Spannung liefern, die ursprünglich die ganze Zelle hatte. Das gilt natürlich auch für Zellen, die z.B. nach *Abb. 6.3* mit Laserstrahl wie ein Kuchen in kleinere Stücke zerschnitten werden.

Der **Nennstrom** einer Solarzelle hängt von ihrer Größe wie auch von ihrem **Wirkungsgrad** ab. Viele handelsübliche Solarzellen haben eine Solarfläche von nur etwa 1 dm^2 (100 cm^2) und ihr Nennstrom liegt bei etwa 2,9 A bis 3,29 A (typen- bzw. markenabhängig). In letzter Zeit mehren sich jedoch Angebote an größeren Solarzellen. Die momentan größten Abmessungen liegen bei ca. 150 x 150 mm. Solche Zellen können dann einen Nennstrom von 5 bis 6 A liefern.

Die **Nennleistung** wird bei allen Solarzellen als reine *Multiplikation* von *Nennspannung* und *Nennstrom* errechnet und benötigt keine nähere Erklärung. Sehr erklärungsbedürftig ist dagegen die **Leerlaufspannung**. Darunter versteht sich die Spannung an einer unbelasteten Zelle.

Bei den meisten kristallinen Zellen ist die **Leerlaufspannung** typenabhängig etwa 23% bis 26% höher als die *Nennspannung*. In der Praxis wird man mit einer Art *Leerlaufspannung* konfrontiert, wenn z.B. eine leere unbelastete Batterie eine gewisse Spannung am Voltmeter anzeigt, die sich jedoch nur als eine „*Scheinspannung*" erweist, sobald eine Belastung angeschlossen wird.

Eine ähnliche Verhaltensweise trifft bei einer Solarzelle unter Umständen auch zu. Wenn an sie ohne jegliche Belastung ein hochohmiger Voltmeter angeschlossen wird, zeigt er auch bei einer geringeren Beleuchtung eine ziemlich hohe Leerlaufspannung an. In der Hinsicht ist die Leerlaufspannung als Indikator unbrauchbar.

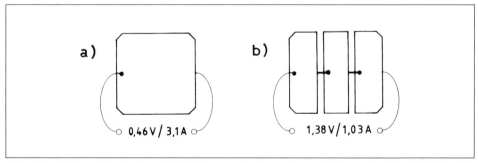

Abb. 6.3: Wenn eine Solarzelle in kleinere „Portionen" zerschnitten wird, behält jede der neu entstandenen kleinen Zellen die ursprüngliche *Nennspannung* (0,46 V), aber der *Zellen-Nennstrom* verteilt sich proportional zu der Zellenfläche: a) Eine „ganze" Solarzelle b) Wird eine Solarzelle in mehrere gleiche Teile zerschnitten, entstehen kleine „Einzelzellen", die miteinander in Reihe verlötet werden können.

Wie funktioniert eine Solarzelle?

Anderseits weist die *Leerlaufspannung* auf die obere Spannungsgrenze der Solarzelle hin. Diese Spannungsgrenze hat bei einer direkten Stromversorgung praktisch keine Bedeutung. Anders beim Laden von Akkus: Die volle Leistung der Solarzellen wird nur dann in Anspruch genommen, wenn der Akku ziemlich leer ist. Ansonsten sinkt der Ladestrom- und damit der Leistungsbedarf um so mehr, je mehr der Akku aufgeladen ist. Daher steigt insbesonders bei einer sehr niedrigen Stromabnahme die Zellenspannung etwas mehr in die Richtung der *Leerlaufspannung*. Die Solarspannung kann in dem Fall (bei optimaler Sonneneinstrahlung) an einer wenig belasteten Solarzelle etwas höher sein, als der offiziellen *Nennspannung* entspricht – was in der Endphase des Ladens eines Akkus eigentlich willkommen ist.

Der **Kurzschlussstrom** ist bei den meisten kristallinen Zellen nur etwa 6% bis 12% höher als der Nennstrom. Ein vorübergehender Kurzschluss an einer Solarzelle (oder an einem Solarmodul) führt demzufolge nicht zu ihrer Vernichtung oder Beschädigung – vorausgesetzt, wir geben ihr nicht die Zeit, dass sie sich zu sehr aufheizt. Da jedoch eine Solarzelle üblicherweise Temperaturgrenzen zwischen ca. – 40 °C und + 125 °C verkraftet, kann sie sogar zu einer Art Kochplatte werden, ohne daß es dadurch zu einer Beschädigung kommen müsste.

Bei eingebetteten Zellen im Modul wird jedoch bei zu intensiver Wärmeentwicklung die Vergussmasse in Mitleidenschaft gezogen, was zu Blasenbildung, Schleierbildung oder Verfärbung der Masse führen kann.

Der in den technischen Daten angegebene Kurzschlussstrom kommt natürlich nur bei einer Zelle vor, die laut Testbedingungen voll beleuchtet ist. Wenn dagegen die Sonneneinstrahlung beispielsweise nur etwa 900 W/m^2 statt 1000 W/m^2 erreicht, liegt der Kurzschlussstrom bereits unterhalb des tabellarischen Zellen-Nennstroms, und die Zelle wird sich in dem Fall nicht mehr aufheizen als während eines Normalbetriebs bei voller Leistungsabgabe.

Fazit: Durch den relativ niedrigen Kurzschlußstrom kann eine Solarzelle (oder ein Solarmodul) bei einem Kurzschluss nur dann beschädigt oder vernichtet werden, wenn sie (es) längere Zeit einer vollen Sonneneinstrahlung von 1000 W/m^2 ausgesetzt ist.

Der **Wirkungsgrad** (Umwandlungs-Wirkungsgrad) hängt eigentlich nur indirekt mit den elektrischen Eigenschaften einer Solarzelle oder eines Solarzellenmoduls zusammen und verdient Beachtung.

6.2 Der Zellen-Wirkungsgrad

Der *Solarzellen-Wirkungsgrad* wird auch als *Umwandlungs-Wirkungsgrad* bezeichnet, weil er angibt, wieviel Prozent der einwirkenden Strahlungsenergie (Sonnenstrahlungsenergie) in der Form von elektrischem Strom abgegeben wird.

Die modernsten, handelsüblichen Solarzellen weisen herstellerabhängig gegenwärtig (weltweit) folgenden Wirkungsgrad auf:

Wie funktioniert eine Solarzelle?

- monokristalline Solarzellen: 13–16%
- polykristalline Solarzellen: 10,6–15%
- amorphe Silizium-Dünnschichtzellen: 3–8%

Wichtig: den Wirkungsgrad einer Solarzelle können Sie problemlos selbst ausrechnen, wenn sie die in technischen Daten angegebene Nennleistung der Zelle (bzw. Zellenfläche eines Solarmoduls) auf ihre (seine) Fläche umrechnen und dieses mit den, laut Testbedingungen aufgeführten 1000 W/m^2 (= 10 W/dm^2 bzw. 0,1 W/cm^2) vergleichen.

> **Beispiel:** Eine Solarzelle von 100 x 100 mm hat eine Fläche von 1 dm^2. Bei einem Wirkungsgrad von 14% muss sie (unter Testbedingungen) 1,4 W/dm^2 liefern können.

Wenn bei einer Solarzelle keine **Nennleistung** angegeben ist, kann sie durch einfaches Multiplizieren der **Nennspannung** (nicht der Leerlaufspannung!) mit dem **Nennstrom** ausgerechnet werden.

> **Beispiel:** Die Nennspannung einer Solarzelle beträgt 0,46 V, der Nennstrom 3 A. Ihre Nennleistung ist 0,46 V x 3 A = 1,38 W. Wenn die Abmessungen dieser Zelle genau 100 x 100 mm betragen, ergibt es eine Zellenfläche von 1 dm^2 und der Wirkungsgrad wäre hier genau 13,8%. Sollte beispielsweise diese Zelle bei derselben Leistung Abmessungen von 105 x 105 mm haben, ergibt sich daraus eine Zellenfläche von 1,07 dm^2 und der Wirkungsgrad liegt dann nur bei ca. 12,9%. Dasselbe gilt für ein Solarmodul.

Der Wirkungsgrad der mono- und polykristallinen Solarzellen bleibt während der ersten 20 Betriebsjahre praktisch unverändert. Mit dem Wirkungsgrad der amorphen Dünnschichtzellen geht es insbesondere bei Aussenanwendung oft bereits nach kurzer Betriebszeit (von z.B. weniger als einem Jahr) bergab. Dies kann zwar herstellerabhängig (bzw. auch abhängig von der Art und Dauer der vorhergehenden Lagerung) variieren, aber der Anwender hat bei der Anschaffung eines solchen Moduls keine Möglichkeit, um die Grenzen zwischen Dichtung und Wahrheit zu entschlüsseln.

Bei einem kleinen Taschenrechner, der einen winzigen Stromverbrauch hat, kann so ein Handicap durch die Verdoppelung der Solarzellenfläche aufgefangen werden (was ja der Taschenrechner-Hersteller präventiv macht). Zudem kann der Hersteller davon ausgehen, dass hier der Kunde einerseits mit nur wenigen Betriebsjahren Genügen nimmt und anderseits ohnehin nicht dahinter kommt, inwieweit gerade die Solarzellen die Schuld daran haben, dass so ein Produkt nach einigen Jahren plötzlich nicht mehr funktioniert.

Inwieweit bei den kristallinen Solarzellen der Wirkungsgrad eine wichtige Rolle spielt, hängt vor allem von dem Einsatzgebiet ab. Im Grunde genommen muss hier dem Wirkungsgrad nicht immer ein zu hoher Stellenwert zugeordnet werden. Man braucht nur darauf hinzuweisen, dass unsere normalen Glühbirnen sozusagen in der Gegenrichtung oft nur einen Wirkungsgrad um die 4 bis 5% aufweisen (die restlichen 95 bis 96% der verbrauchten Energie wandeln sie in Wärme um).

Wie funktioniert eine Solarzelle?

Im Gegensatz zu anderen technischen Anlagen und Maschinen ist der Solarzellen-Umwandlungswirkungsgrad keine Konstante, mit der sich bei Nutzung der Sonnenenergie fest rechnen ließe. Es kann ja nur dann umgewandelt werden, wenn die Sonne – oder zumindest genügend Tageslicht – da ist.

Die launische Natur hält sich dennoch in längeren Zeitabschnitten an ein Schema, mit dem sich kalkulieren lässt. Man muss dabei nur die richtigen Schnittstellen zwischen dem Spendenumfang der Natur und dem Energiebedarf der technischen Verbraucher finden. Dabei wird Ihnen dieses Buch behilflich sein.

Dass sich Solarzellen mit Hilfe von Diamantsägen oder mit einem Laserstrahl in beliebig kleine Stücke schneiden lassen, ist für einen kleineren Leistungsbedarf sehr nützlich, denn der *Nennstrom* und die *Nennleistung* einer Solarzelle lassen sich **nur** durch ihr Verkleinern verringern – wie aus *Tab. 1 und 2* hervorgeht.

Bei den sehr kleinen Zellen kommt es zu auffallenden Einbußen bei der Nennspannung, Nennleistung und beim Wirkungsgrad. Bei den größeren Zellen hat die Zellenteilung auf die Zellen-Nennspannung keinen Einfluss. Wohl auf die anderen technischen Parameter (aber es hält sich in akzeptablen Grenzen).

Solarzellen werden für die Herstellung von Solarmodulen mit „Lötfahnen" nach Abb. 6.4 versehen, die zum seriellen Verschalten der Einzelzellen zu Zellenketten dienen (um die erwünschte Modulen-Nennspannung zu erhalten). Auf die Weise hat ein aus 36 Zellen bestehendes Modul eine Nennspannung von z.B. 36 **x** 0,47 V (= 16,92 V). Der Modulen-Nennstrom entspricht dem Nennstrom der schwächsten Zelle in der Kette (wenn es sich um Zellen handelt, deren theoretischer Nennstrom z.B. 3 A beträgt, wird eine der Zellen durch Herstellungsstreuung möglicherweise nur einen Nennstrom von 2,8 A aufbringen, wodurch auch der *tatsächliche* Modulen-Nennstrom nur 2,8 betragen wird).

Bemerkung

Die angegebenen Wirkungsgrad-Grenzen der aufgeführten Zellentypen orientieren sich in unseren Publikationen an den jeweiligen Angeboten auf dem Weltmarkt wie auch an den neuesten Datenblättern der fernöstlichen und amerikanischen Hersteller bzw. der westeuropäischen Anbieter. Durch Unterschiede in der Herstellungstechnologie ergeben sich hersteller- oder anbieterbezogene Wirkungsgrad-Unterschiede bei derselben Zellenart.
Es gibt immer noch Solarzellen-Hersteller, die sich mit einem relativ niedrigen Wirkungsgrad zufriedengeben aber anderseits auch Vorreiter, die manchmal wiederum mehr versprechen, als letztendlich serienmäßig realisierbar ist.
Durch diese Schwankungen werden auch die in der Fachliteratur angegebenen aktuellen Solarzellen-Wirkungsgradgrenzen immer etwas variieren und sind daher nicht als absolute Festwerte zu betrachten.

Wie funktioniert eine Solarzelle?

*Tabelle 1   Technische Daten von **polykristallinen** Solarzellen unterschiedlicher Größe*

Abmessungen [mm]	Leerlaufspannung [V]	Kurzschlussstrom [A]	Max. Leistung [W]	Spannung bei max. Leistung [V]	Strom bei max. Leistung [A]	Wirkungsgrad [%]
100,5 x 102	0,585	3,25	1,40	0,47	2,98	13,7
50,2 x 102	0,580	1,308	0,616	0,47	1,416	12,9
33,5 x 102	0,580	1,090	0,400	0,47	0,918	12,8
25,1 x 102	0,580	0,790	0,300	0,16	0,689	12,7
50,2 x 51	0,580	0,790	0,300	0,46	0,689	12,7
25,1 x 51	0,580	0,392	0,148	0,46	0,347	12,4
20,1 x 51	0,580	0,314	0,118	0,46	0,277	12,3
12,6 x 51	0,575	0,192	0,072	0,45	0,169	11,2

*Tabelle 2   Technische Daten von **monokristallinen** Solarzellen unterschiedlicher Größe*

Abmessungen [mm]	Leerlaufspannung [V]	Kurzschlussstrom [A]	Max. Leistung [W]	Spannung bei max. Leistung [V]	Strom bei max. Leistung [A]	Wirkungsgrad [%]
125 x 125	0,615	5,15	2,32	0,48	4,8	14,8
125	0,615	4,2	1,9	0,48	3,9	15,5
103 x 103	0,59	3,3	1,48	0,47	3,1	14,7
51,5 x 103	0,59	1,65	0,74	0,47	1,55	14,4
51,5 x 51,5	0,59	0,82	0,37	0,47	0,77	14,1
25,7 x 51,5	0,585	0,41	0,18	0,465	0,38	13,9

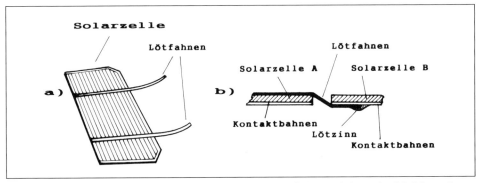

Abb. 6.4: Solarzellen werden für die Herstellung von Solarmodulen mit „Lötfahnen" versehen, die zum seriellen Verschalten der Einzelzellen zu Zellenketten dienen.

Welches Solarmodul ist das richtige?

7

Im vorhergehenden Kapitel haben wir darauf hingewiesen, dass sich für Anwendungen im Außenbereich nur *kristalline* Solarzellen(module) eignen. Theoretisch würden *monokristalline* Zellen Vorrang vor *polykristallinen (multikristallinen)* Zellen verdienen. Praktisch spielt es jedoch keine besondere Rolle, mit welchem Zellentyp das Modul bestückt ist. Vor allem deshalb nicht, weil hier sowohl durch die Herstellungs-Streuung als auch durch die Zwischenräume zwischen den im Modul eingegossenen Einzelzellen der zellentyp-bezogene Leistungsunterschied **„pro dm² Solarfläche"** kaum ins Gewicht fällt.

Hinweis

In der täglichen Praxis werden bei technischen Produkten die Abmessungen in Millimetern, gelegentlich in Zentimetern, aber kaum in Dezimetern angegeben. Bei Solarzellenflächen bzw. Solarmodulen erleichtert jedoch das Rechnen mit *Dezimetern* eine „greifbare" Vorstellung der Flächengröße.

Unter dem Begriff „1 dm²-Fläche" *(1 dm² = 10 x 10 cm = 100 x 100 mm)* kann man sich leichter die tatsächliche Größe (Modulengröße) vorstellen, als wenn stattdessen die Angabe z.B. *„77 000 mm²"* lautet. Nebenbei: Ein DIN-A4-Briefpapier (210 x 297 mm) hat eine Fläche, die etwas größer als 6 dm² ist *(genau genommen 62 370 mm², also ca. 6,24 dm²)*. Das erleichtert eine schnelle Größenordnungs-Vorstellung beim Kopfrechnen.

Bei dem Vergleich von Modulleistung kleinerer Module ist es von Vorteil, wenn man die Modulfläche in **dm²** umrechnet. Für den Anwender sind dabei logischerweise nur die tatsächlichen Abmessungen des ganzen Moduls maßgeblich. Wie gut der Wirkungsgrad der einzelnen Zellen ist, spielt dabei keine Rolle. Das einzige, was in dieser Hinsicht zählt, ist der Wirkungsgrad (bzw. die elektrische Leistung) des Moduls pro dm² (oder m²) seiner tatsächlichen Fläche.

Beispiel

*Ein 55 Watt-Solarmodul hat Abmessungen von 1293 x 330 x 36 mm. Die 36 mm lassen wir bei der Ermittlung der Leistung pro dm² außer Acht, denn das ist die Modulen-Dicke. Bleiben die 1293 x 330 mm. Wir rechnen sie in „dm²" (als 12,93 x 3,3 dm) um, woraus sich eine Modulenfläche von 42,669 dm² ergibt. Wenn wir nun die angegebenen 55-Watt-Modulenleistung durch die 42,669 dm² teilen, ergibt es eine Leistung von ca. **1,29 Watt pro dm²** Modulenfläche.*

Mit dem Modul-Wirkungsgrad ist es sehr einfach: Die Sonnenenergie, die laut „Testbe-

Welches Solarmodul ist das richtige?

dingungen" der Modul-Nennleistung zugrunde liegt, beträgt genau **10 Watt pro dm²** (als „energetische Leistung der Sonnenstrahlen). Wenn das Modul bei dieser Leistungsaufnahme (von 10 W/dm²) zum Beispiel nur die vorher ausgerechneten **1,29 W/dm²** in elektrische Energie umwandelt, ergibt sich daraus ein **Wirkungsgrad von 12,9 %**.

Für die praktische Anwendung ist allerdings nicht der Modul-Wirkungsgrad, sondern die Modul-Nennleistung in W/dm² (oder in W/m²) von Bedeutung. Der eigentliche Modul-Wirkungsgrad hat dabei nur eine rein informative Funktion. Wer die Nennleistungen (in W/dm²) von mehreren „modernen" Solarmodulen vergleicht, der wird u.a. feststellen, dass eine Nennleistung von 1,25 bis 1,3 W/dm² schon seit mehreren Jahren so ungefähr das Maximum darstellt, das handelsübliche Solarmodule bieten können. Damit liegt auch die Wirkungsgrad-Höchstgrenze der Solarmodule real bei ca. 13% (was darauf zurückzuführen ist, dass die Zwischenräume zwischen den Zellen und dem Modul-Rahmen den eigentlichen Zellenwirkungsgrad verringern).

Bemerkung
Bei den technischen Daten der Solarmodule runden die Hersteller die angegebene Modulleistung etwas auf oder ab, um eine „runde Zahl" zu erhalten. So wird z. B. ein 17,1-V/5,62-A-Solarmodul als ein 100-Watt-Modul deklariert, obwohl 17,1 V x 5,62 A nur eine Leistung von 96,1 W ergibt. Darauf ist vor allem dann zu achten, wenn man die *tatsächlichen* Leistungen (in W/dm²) mehrerer Module miteinander vergleicht.

Anwendungsbezogen ist bei einem Solarmodul am wichtigsten, dass es sowohl die vorgesehene *Nennspannung* als auch den benötigten *Nennstrom* liefern kann. Die Modul-Nennleistung (die auch als *„max. Leistung"* bezeichnet wird) errechnet sich einfach durch Multiplizieren der *Nennspannung* mit dem *Nennstrom:* **Nennspannung [V] x Nennstrom [A] = Nennleistung [W]**

7.1 Mechanische Ausführung der Solarmodule

Abb. 7.1 zeigt eine der gängigsten Ausführungen von handelsüblichen kristallinen Solarmodulen. Die Solarzellen werden hier wie eine Schmetterlings-Sammlung eingerahmt und zwischen zwei Glas- oder Kunststoffscheiben mit einer silikonartigen Gussmasse eingebettet.

Weder die Abmessungen, noch die technischen Parameter der Solarmodule unterliegen einer Norm. Die Qualität der „Einrahmung" kann auf den Modulpreis Einfluss haben. Am teuersten sind Solarmodule, die an der „Sonnenseite" eine thermisch gehärtete Glasscheibe haben (bei diesen Modulen geben die Hersteller in der Regel eine Lebensdauer von 20 Jahren an). Etwas preiswerter sind Solarmodule mit Kunststoffscheiben. Sie sind leichter, aber wiederum etwas empfindlicher gegen Bekratzen oder „Ermatten" der Scheibe. Hier geben die Hersteller meist nur eine Lebensdauer von 10 Jahren an, was sich jedoch auf eine kontinuierliche Außenanwendung bezieht. Einige Hersteller bieten diese Module in einer portab-

Welches Solarmodul ist das richtige?

Abb. 7.1: Ein kristallines Solarmodul im Schnitt

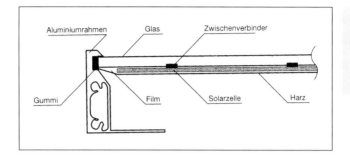

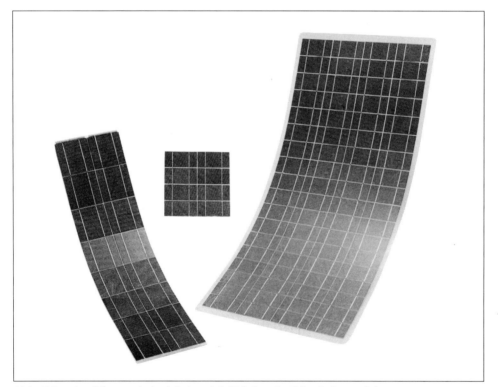

Abb. 7.2: Ausführungsbeispiele handelsüblicher flexibler Solarmodule

len zusammenklappbaren Ausführung an, die z.B. ein Aktentaschen-Format hat und auch fürs Campen gut geeignet ist.

Als Dritter im Bunde verdienen eine besondere Beachtung die flexiblen Solarmodule (*Abb. 7.2 und 7.3*). Abgesehen von dem Vorteil, dass sie sich biegen und evtl. an das Dach des Caravans, Reisemobils oder eines jeden Autos direkt aufkleben lassen, sind sie auch sehr leicht und damit bequem auch z.B. zum Zelten transportierbar. Sie sind allerdings

Welches Solarmodul ist das richtige?

Abb. 7.3: Flexible Solarmodule lassen sich bis zu einem Radius von ca. 1,5 m biegen und an Caravan- oder Reisemobildächer direkt aufkleben

Abb. 7.4: Ein kleines flexibles Solarmodul kann als eine portable Stromquelle vielseitig genutzt werden

etwas empfindlicher gegen Beschädigungen der Schutzfolie, die es natürlich nicht mit einer thermisch gehärteten Glasscheibe aufnehmen kann. Diese Schwachstelle des flexiblen Solarmoduls dürfte jedoch überwiegend nur dann etwas Aufmerksamkeit verdienen, wenn das Modul z.B. auf ein Caravan-Dach fest angeklebt wird und über Jahre hinweg im Freien „überwintern" muß.

Kleinere flexible Solarmodule sind ziemlich „steif" und lassen sich auch ohne jegliche Hilfskonstruktionen, ausgerichtet gegen die Sonne, stützend aufstellen.

7.2 Richtige Ausrichtung und Nutzung der Solarmodule

Wir wissen inzwischen, dass die Leistung eines Solarmoduls auch davon abhängt, wie gut es gegen die Sonne ausgerichtet ist. Wenn sich das Solarmodul von Sonnenaufgang bis Sonnenuntergang schön gleitend nach der

Welches Solarmodul ist das richtige?

Sonne drehen könnte, wäre es verständlicherweise am besten.

Technisch ist so ein Anliegen an sich leicht realisierbar – und es wird sogar gelegentlich auch wirklich gemacht. Die eigentliche elektromechanische Konstruktion ist dann z.B. nach *Abb. 7.5* konzipiert: Eine elektrische Drehbühne dreht das Solarmodul immer in der Richtung zur Sonne und ein zweiter Elektromotor stellt dabei den optimalen Neigungswinkel ein.

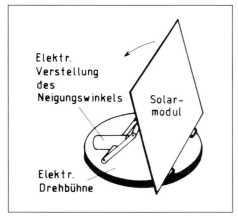

Abb. 7.5: Konstruktionsprinzip einer Modulen-Nachführungsvorrichtung

Die Art der Nachführung kann dabei beliebig gewählt sein: Im einfachsten Fall kann z.B. eine Schaltuhr einem Ringzähler (mit dem IC 4017) tagsüber jede Stunde einen Impuls geben, der jeden der zwei Motoren jeweils um einen „Schritt" weiter antreibt. Eine technisch elegantere Lösung bietet eine vollautomatische Nachführungs-Steuerung mit einem Mikroprozessor (oder mit einem PC), der Schrittmotoren steuert. Als eine andere Alternative kommt eine von der Sonne optisch (fotoelektrisch) gesteuerte Nachführung, die sich einfach an der jeweiligen Position der Sonne orientiert.

Alle diese Nachführungen sind ziemlich aufwendig und kommen nur für einen Tüftler in Frage, der sowohl über das benötigte technische Know-how als auch über die vorausgesetzten technologischen Möglichkeiten verfügt. Im Prinzip darf man die ganze Sache mit der Nachführung nur als eine Vorinformation betrachten, die beispielsweise auch demjenigen dienlich sein kann, der sein Solarmodul nach *Abb. 7.6* mit Hilfe einer wesentlich einfacheren Konstruktion gegen die Sonne ausrichten kann (zumindest ab und zu – soweit er die Lust dazu hat).

Normale Dachmodule werden bekanntlich nicht der Sonne nachgeführt, sondern nur einfach auf Dächer montiert, die möglichst genau zum Süden ausgerichtet sind und eine Neigung von ca. 40° bis 50° haben. Das hat seine Richtigkeit, denn eine Nachführung der Dachmodule nach der Sonne würde ja makabere (und zudem unbezahlbare) Konstruktionen voraussetzen.

Wenn sich dagegen ein Solarmodul beim Campen nach der Sonne ausrichten lässt (um z.B. schnell elektrisch einen Kaffee zu kochen), ergibt sich daraus eine geometrisch bedingt bessere Ausbeute der Sonnenenergie.

Mit Hilfe der *Abb. 7.7* lässt sich leicht der neigungsabhängige Unterschied der Sonnenbestrahlungs-Dichte begreifen: Wenn das Modul gegen die einfallenden Sonnenstrahlen optimal ausgerichtet ist, wird seine Solar-

Welches Solarmodul ist das richtige?

Abb. 7.6: Eine einfache, aber stabile „portable" Konstruktion kann leicht im Selbstbau aus Aluminium für ein „Mitnahme-Solarmodul" erstellt werden.

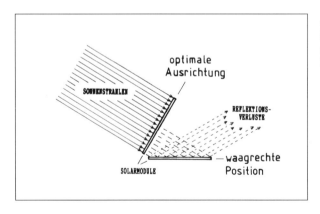

Abb. 7.7: Die Sonnenbestrahlungs-Dichte der „direkten Sonnenstrahlen" hängt von dem Modulen-Neigungswinkel ab

fläche – geometrisch bedingt – mit fast doppelt so viel Photonen bombardiert, als wenn es waagerecht positioniert ist. Zudem kommt es bei dieser waagerechten Position noch zu gewissen Reflektionsverlusten.

Zur Beruhigung: Die in *Abb. 7.7* dargestellten Solarenergie-Verluste sind erstens nur als ein „Grenzfall" zu verstehen, zweitens handelt es sich hier nur um Verluste in Hinsicht auf die *direkten Sonnenstrahlen*. Das Tageslicht –

Welches Solarmodul ist das richtige?

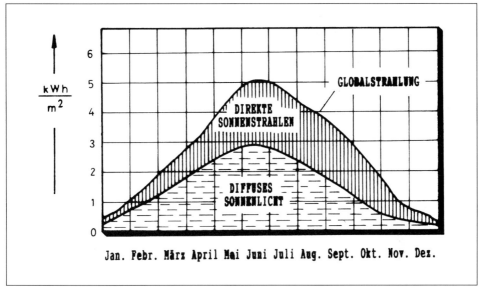

Abb. 7.8: Solare Energiedichte in Mitteleuropa: Die Globalstrahlung, die von Solarzellen in elektrischen Strom umgewandelt wird, setzt sich aus diffusem Sonnenlicht und aus direkten Sonnenstrahlen zusammen

und somit auch die Belichtung der Solarzellenfläche – besteht jedoch auch noch aus *diffusem Lichtanteil*. Die **Globalstrahlung**, die eine Solarzellenfläche unter normalen Bedingungen fotoelektrisch in Strom umwandelt, setzt sich – wie *Abb. 7. 8* zeigt – sowohl aus den direkten Sonnenstrahlen, als auch aus dem diffusem Sonnenlicht zusammen. Dieses Phänomen verringert die Abhängigkeit der Sonnenenergie-Ausbeute von der Ausrichtung des Solarmoduls zur Sonne, denn das diffuse Sonnenlicht hat einen etwas größeren Anteil an der Solarstrom-Erzeugung als die direkten Sonnenstrahlen.

Dennoch sollte eine optimale Ausrichtung der Solarzellenfläche zur Sonne angestrebt werden. Bekannterweise ändert sich die Umlaufbahn der Sonne mit der Jahreszeit: Während der Sommermonate läuft die Sonne senkrecht über unsere Köpfe, im Winter liegt ihre Bahn ziemlich tief in südlicher Richtung. Daraus ergibt sich auch die jahreszeitbezogene optimale Neigung von fest montierten Solarmodulen.

Für die Sommermonate ist ein waagrecht installiertes Solarmodul (worunter ein am Caravan- oder Autodach „liegendes" bzw. angeleimtes Modul) am vorteilhaftesten. Für Langzeit-Betrieb sollte die Modulenneigung nach *Abb. 7.9* der voraussichtlichen Anwendungs-Zeitspanne angepasst werden (evtl. auch nur manuell verstellbar).

Das Defizit an Solarausbeute sollte dabei mit einer höheren Modulen-*Nennspannung* und *Nennleistung* kompensiert werden. Wir zei-

Welches Solarmodul ist das richtige?

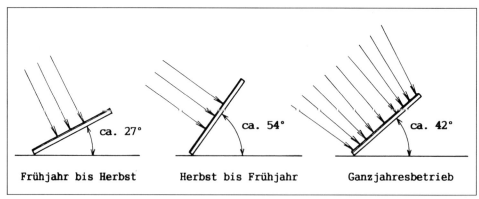

Abb. 7.9: Optimale jahreszeitbezogene Neigung bei fest montierten Solarmodulen

gen an konkreten Beispielen, was darunter zu verstehen ist:

Ist ein Solarmodul nur für das Laden eines 12-Volt-Akkus während der Sommermonate bestimmt, genügt es, wenn seine *Nennspannung* zwischen ca. 17 bis 18 Volt beträgt. Notfalls reichen auch 16 Volt aus, aber in dem Fall sinkt bei einem gering bewölkten Himmel die Solarspannung leicht unter das Niveau der Akkuspannung und es findet kein Nachladen statt. Von dem Standpunkt betrachtet, wäre es eigentlich von Vorteil, wenn das Solarmodul lieber für eine Nennspannung von z.B. 20 Volt ausgelegt wäre – oder noch höher. Das hat jedoch einen höheren Modulenpreis zur Folge und das Preis-Leistungs-Verhältnis wäre nur bedingt vertretbar.

Anders ist es bei einem Solarmodul, das im Frühjahr und/oder im Herbst in Mitteleuropa für denselben Zweck verwendet werden soll. Hier dürfte eine *Nennspannung* von ca. 18 bis 20 Volt sinnvoll sein. Auch der Modulen-*Nennstrom* dürfte etwas „kräftiger" gewählt werden als bei einem „Sommermodul". Er sollte allerdings „sicherheitshalber" nicht 10% der Akku-Kapazität überschreiten. Diese Bedingung wird in der Praxis leicht zu erfüllen sein, denn für diese „kältere" Jahreszeit wird in den meisten Fällen auch die Akku-Kapazität so gewählt, dass der Akku auch ohne Nachladen, z.B. eine Woche oder 10 Tage lang, die vorgesehenen Verbraucher versorgen kann.

Noch besser sollte eine Solaranlage für die Wintermonate dimensioniert sein. An manchen Tagen scheint zwar die Sonne traumhaft kräftig, an anderen Tagen zeigt sie sich überhaupt nicht oder spendet nur einige dünnere Alibi-Strahlen. Die Tage sind zudem kurz und somit ist auch die Dosierung der Sonnenenergie während mancher Winterwochen (und mancher Jahre) entsprechend bescheiden.

Es gibt zwar auch Wintermonate, während denen sich die Sonne wirklich von ihrer besten Seite zeigt, aber damit lässt sich nicht fest rechnen. Daher ist es von Vorteil, wenn das

Welches Solarmodul ist das richtige?

Solarmodul über eine *Nennspannung* von ca. 20 bis 22 Volt und über einen Ladestrom *(Nennstrom)* von vollen 10% der Akku-Kapazität verfügt. Wenn diese beiden Bedingungen aus Kosten- oder Platzgründen nicht erfüllt werden können, verdient ein kräftiger Ladestrom Vorrang vor einer höheren Modulen-Nennspannung (sie sollte aber dennoch zumindest überhalb von 18 Volt liegen).

Man muss bereits bei der Anlagenplanung immer die Tatsache berücksichtigen, dass die in den technischen Daten angegebene *Nennspannung* des Solarmoduls nur beim Einhalten der „Testbedingungen" (strahlender Sonnenschein, optimale Modulenausrichtung) zutrifft. Dazu kommt noch die Herstellungs-Streuung von bestenfalls 5%, die eine weitere Verringerung der offiziellen Nennspannung zur Folge haben kann. Dasselbe gilt auch für den Nennstrom und somit für die Nennleistung des Moduls. Alles ist halb so schlimm, wenn man dies von vornherein berücksichtigt und angemessen großzügiger dimensioniert.

Bleibt nur noch die Frage offen, was man unter dem Begriff „angemessen" verstehen soll. Als Erstes ist anzustreben, dass der Solarzellen-Nennstrom die 10% der Akku-Kapazität *nicht unterschreitet*. Falls bei der Erfüllung dieses Anspruchs die zur Verfügung stehenden Flächen am Caravandach (oder an anderer vorgesehener „Nutzfläche") schon ohnehin ausgeschöpft sind, bleibt nur noch die Frage der optimalen *Nennspannung* übrig (die bereits als geklärt betrachtet werden dürfte).

Die optimale Akku-Kapazität muss bei einer solarelektrischen Stromversorgung als Erstes überlegt und ausgerechnet werden. Das eigentliche „Planungsprinzip" ist sehr einfach: Was dem Akku an elektrischer Energie abgenommen wird, das muss das Solarmodul nachliefern können. Der Stromverbrauch wird durch Antworten auf folgende Planungsfragen ermittelt:

a) Welche elektrischen Verbraucher werden an die Anlagenbatterie angeschlossen?
b) Wie groß ist der Stromverbrauch einzelner Verbraucher [in Ampere] und wie viele Betriebsstunden pro Tag oder pro Woche sind für einzelne Verbraucher vorgesehen?
c) Wird der Anlagen-Akku (Bord-Akku) ausschließlich vom Solarmodul geladen oder beteiligt sich am Laden auch eine andere Energiequelle (worunter z.B. die Fahrzeug-Lichtmaschine)?
d) Wie lange sonnenarme „Durststrecken" sollte der Anlagen-Akku überbrücken?

In den vorhergehenden Kapiteln wurde bereits an praktischen Beispielen gezeigt und erklärt, wie sich diverse konkrete Vorhaben realisieren lassen und worauf es bei einzelnen Überlegungen ankommt. Hier muss allerdings jeder selber bestimmen, welche Verbraucher er mit Solarstrom betreiben möchte und um welche Zeitspannen es sich dabei handeln sollte.

Mit der Einschätzung der voraussichtlichen Wetterbedingungen kennen sich erfahrungsgemäß nicht einmal die professionellen Meteorologen aus. Hier gibt es leider auch keine solideren Tricks, als das man sich bei einer solchen Planung das Beste erhofft und dabei das Schlimmste nicht ausschließt. Anders formuliert: Es sollten immer noch Notlösun-

Welches Solarmodul ist das richtige?

gen zur Verfügung stehen – was ja beim Campen üblich ist.

Bemerkung: In unseren Beispielen einer optimalen Dimensionierung sind wir einfachheitshalber von einer Versorgungs-Gleichspannung von 12 V ausgegangen. Wenn anstelle von 12 V- eine 24 V-Spannung verwendet wird, verdoppeln sich auch die empfohlenen Modulen-Spannungen und halbiert sich der Modulen-Nennstrom bzw. auch die Stromabnahme der vorgesehenen Verbraucher.

7.3 Serieller und paralleler Betrieb mehrerer Solarmodule

Wir wissen inzwischen, dass sowohl Solarzellen als auch Solarmodule seriell (in Reihe), parallel oder seriell/parallel miteinander verbunden werden können, um eine höhere Nennspannung und/oder einen höheren Nennstrom zu erhalten, als handelsübliche Einzelmodule bieten.

Abb. 7.10 zeigt drei prinzipielle Verschaltungsmöglichkeiten, wovon die Beispiele a) und b) als Lösungen üblich sind, Beispiel c) dagegen bestenfalls nur für evtl. Experimente in Frage kommt – denn hier verschenkt man einen zu großen Teil der Leistung (des oben und unten eingezeichneten Moduls).

Für parallelen Betrieb eignen sich am besten Solarmodule mit identischen Parametern – wie in *Abb. 7.11 a)* eingezeichnet ist. Die Lösung nach *Abb. 7.11 b)* ist zwar theoretisch ebenfalls zulässig, aber in der Praxis besteht hier die Gefahr, dass die Nennspannungen der „ungleichen" Module Abweichungen aufweisen, die Leistungsverluste zufolge haben könnten.

Dies gilt jedoch nicht für die eigentlichen Sektionen einer seriell-parallelen Verschal-

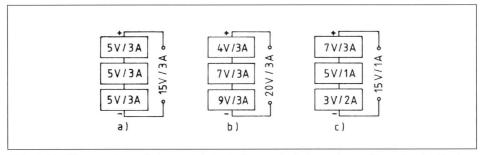

Abb. 7.10: Wenn mehrere Solarmodule in Serie geschaltet werden, sollten sie alle für denselben Nennstrom ausgelegt sein, denn für den Ausgangs-Nennstrom einer solchen „Kette" ist immer das schwächste Modul bestimmend: a) Module mit identischen Parametern b) Module mit unterschiedlicher Nennspannung, aber mit gleichem Nennstrom c) Module, die einen unterschiedlichen Nennstrom haben, eignen sich nicht für eine serielle Schaltung

Welches Solarmodul ist das richtige?

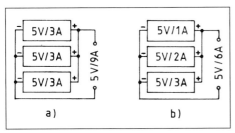

Abb. 7.11: Bei paralleler Verbindung mehrerer Solarmodule müssen alle Module für exakt dieselbe Nennspannung ausgelegt werden, aber der Nennstrom – und somit automatisch auch die Nennleistung – dürfen unterschiedlich sein

tung, die z.B. nach *Abb. 7.12* ausgelegt ist: Pro Sektion sind zwar jeweils zwei unterschiedliche Module in Serie geschaltet, aber beide Sektionen sind mit denselben Modulen (17 V/3 A und 2 V/3 A) bestückt (vollidentisch). Auch hier dürfte zwar theoretisch jede Sektion aus unterschiedlichen Solarmodulen zusammengesetzt werden, solange die Ausgangsspannungen aller Sektionen gleich sind. In der Praxis sollte man sich jedoch bei „bunteren" Kombinationen nicht mit den offiziellen Modulen-Nennspannungen zufrieden geben, sondern die tatsächlichen Ausgangsspannungen an belasteten Modulen nachmessen (als Belastung können z.B. Auto-Glühlampen verwendet werden).

Wir haben in diese Schaltung (*Abb. 7.12*) Dioden eingezeichnet, die in den vorhergehenden Abbildungen – der leichten Aufklärung wegen – vorerst außer Acht gelassen wurden. Dass hier zwei unterschiedliche Diodentypen aufgeführt sind, hat einen speziellen Grund, der eine Erklärung erforderlich macht.

Wir nehmen uns erst die **Schottky-Diode** vor und erklären ihre Funktion anhand von *Abb. 7.13*: Wenn eine Solarzelle oder ein Solarzellenmodul über einen Laderegler angeschlossen ist, durch den elektrischer Strom *in beiden Richtungen* fließen kann, würde sich der Akku über die Solarzellen entladen, sobald die Solarspannung niedriger als die Akkuspannung wird. Um dies zu verhindern, muss entweder der Laderegler so ausgelegt werden, dass er den Strom **nur** in Richtung vom Modul zum Akku durchlässt (und in der Ge-

Abb. 7.12: Bei seriell-parallelen Verschaltungen mehrerer Solarmodule sollten beide (bzw. alle) Sektionen bevorzugt aus denselben Modulen bestehen (Bezugsquelle der eingezeichneten Dioden: Conrad Electronic)

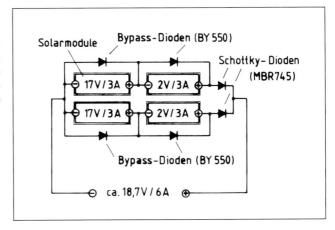

Welches Solarmodul ist das richtige?

genrichtung sperrt) oder man behilft sich mit einer zusätzlichen *Schottky-Diode*.

Eine *Schottky-Diode* hat gegenüber normalen Siliziumdioden den Vorteil, dass an ihr ein Spannungsverlust von *nur* ca. 0,3 Volt entsteht (an normalen Siliziumdioden liegt der Spannungsverlust bei etwa 0,6 bis 1 V). In der Solarelektrik stellen auch die 0,3 Volt einen kostspieligen Spannungsverlust dar, denn ihm fallen etwa $^2/_3$ der Nennspannung einer Zelle (pro Kette) zum Opfer. Wenn jedoch anstelle der *Schottky-Diode* (= spezielle Metall-Halbleiterdiode mit einer Schottky-Sperrschicht) eine „normale" Silizium-Diode (Gleichrichter-Diode) wäre, würde der Spannungsverlust annähernd die Nennspannung von zwei Solarzellen „sperren".

Die *Schottky-Diode* stellt somit das kleinere Übel dar und wird daher für derartige Aufgaben in der Photovoltaik (Solarelektrik) verwendet.

Wir haben in *Abb. 7.12* „ordnungshalber" von den theoretischen Nennspannungen der Solarmodule die 0,3 V abgezogen, die in den eingezeichneten Schottky-Dioden verloren gehen – daher wird hier die Ausgangs-Nennspannung nicht als 19 V, sondern korrekt nur mit *18,7 V* angegeben.

Die Erklärung zu den hier (vollständigkeitshalber) eingezeichneten **Bypass-Dioden** heben wir uns noch auf und widmen uns nochmals der Schottky-Diode in *Abb. 7.13*. Die Qual mit der Aufklärung ist leider noch nicht ausgestanden. Der Grund: In vielen Solarmodulen ist die Schottky-Diode bereits herstellerseits eingelötet. Paradoxerweise sind aber auch viele handelsübliche Laderegler herstellerseits mit eine Schottky-Diode ausgestattet.

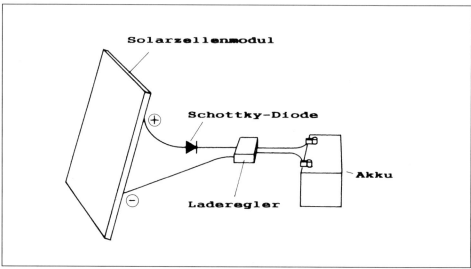

Abb. 7.13: Eine Schottky-Diode schützt den Akku gegen das Entladen über die Solarzellen

Welches Solarmodul ist das richtige?

Der Slogan „Doppelt gemoppelt hält besser" läßt sich hier leider nicht interpretieren, denn eine zusätzliche Schottky-Diode bedeutet immerhin einen zusätzlichen Spannungsverlust von 0,3 V (für jede überflüssige Diode). Je höhere Nennleistung das Solarmodul hat, desto höher ist auch der daraus resultierende Modulen-Leistungsverlust. Bei dem „Solargenerator" aus *Abb. 7.12* verursacht jede zusätzliche Schottky-Diode einen Leistungsverlust von 0,3 V x 6 A (= 1,8 Watt). An sich „kein Weltuntergang", aber hier trifft das Sprichwort zu: „Kleinvieh macht auch Mist."

Man sollte daher grundsätzlich darauf achten, dass in einer Solaranlage nicht überflüssige Schottky-Dioden als Spannungs- und Leistungsfresser irgendwo im Verborgenen lauern:

- Wenn mehrere Solarmodule in Serie (in Reihe) geschaltet werden, an deren Ausgangsklemmen der Hersteller Schottky-Dioden angebracht hat, sollten diese nur bei dem „letzten" Modul der Reihe (von dem der Plus-Anschluss zum Laderegler führt) gelassen werden. Bei allen restlichen Modulen sind sie zu entfernen.
- Falls eine Schottky-Diode ohnehin im Laderegler untergebracht ist, bzw. falls der Laderegler elektronisch so konzipiert ist, dass er sowieso nur in Richtung zum Akku Strom durchlässt – aber nicht in der Gegenrichtung – sollten die Schottky-Dioden aus allen Modulen entfernt werden.

Dass in *Abb. 7.12* an den Modulen-Ausgängen nicht eine, sondern zwei Schottky-Dioden eingezeichnet sind, hat folgenden Grund: Sie verhindern, dass die eine der Sektionen die andere Sektion belastet, wenn die jeweiligen „Ausgangsspannungen" nicht exakt ausgewogen sind. Zu einer derartigen „Unausgewogenheit" der Ausgangsspannungen kommt es in der Praxis z.B. durch eine vorübergehende Teilbeschattung (bei ziehenden Wolken) oder durch Unterschiede in den Modulen-Neigungswinkeln, usw. Nebenbei: Durch eine solche parallele Anordnung mehrerer Schottky-Dioden erhöht sich der Spannungsverlust nicht – er bleibt bei den ca. 0,3 Volt.

Es wäre noch darauf hinzuweisen, dass der „Solargenerator" aus *Abb. 7.12* an einem Laderegler angeschlossen werden soll, in dem (eingangsseits) keine Schottky-Diode als Schutzdiode herstellerseits angebracht wurde (andernfalls sollte sie entfernt oder kurzgeschlossen werden).

Mit der Wahl der richtigen Schottky-Diode ist es einfach. In Kurzfassung werden Schottky-Dioden (in Katalogen) beispielsweise nur folgendermaßen angeboten: „*MBR 745 • 7,5 A/ 45 V • DM 2,–*" oder „*SB 530 • 5 A/30 V • DM 3,–*". *Das genügt (für unsere Zwecke).* Es geht uns ja nur darum, dass diese Diode für einen Maximumstrom ausgelegt ist, der zumindest ca. 50% höher liegt als der Modulen-Nennstrom und dass die Diode auch die Modulen-Leerlaufspannung verkraftet. Die in *Abb. 7.12* eingezeichneten Schottky-Dioden sind zwar etwas zu großzügig „überdimensioniert". Die hier erwähnten Typen SB 530 hätten auch gereicht – aber sie sind teurer (sie bieten einige spezielle Vorteile, die u.a. nur bei einer Anwendung im GHz-Frequenzbereich an Bedeutung gewinnen).

7.4 Beschattungsempfindlichkeit der Solarmodule

Ein Solarmodul besteht aus einer in Reihe (in Serie) geschalteten Solarzellen, die eine Kette bilden, bei der der Nennstrom des schwächsten Gliedes für den Ausgangs-Nennstrom – und somit auch für die Ausgangsleistung – des Moduls bestimmend ist.

Es muß sich dabei nicht unbedingt nur um eine herstellungsbedingte „Schwäche" eines Gliedes handeln. Wenn z.B. während des Betriebs eine der Zellen beschattet wird, sinken automatisch ihre Spannungs- und Stromwerte (womit auch die Leistungswerte) auf ein Niveau, das mit der Abnahme der Bestrahlungsintensität übereinkommt. Die Beschattung bzw. Teilbeschattung einer einzigen Zelle hat somit einen Leistungsrückgang der ganzen Zellenkette (des ganzen Moduls) zur Folge.

In der Praxis kann so etwas gelegentlich vorkommen: Eine oder mehrere Zellen des Moduls werden am Reisemobildach durch einen Zweig oder durch angewehtes Laub beschattet. Neben dem Leistungsverlust gibt es bei einer beschatteten Solarzelle noch ein weiteres kritisches Phänomen: die Zelle kann sich bei kräftigerem Sonnenschein umpolen, eine Sperrspannung erzeugen und durch darauffolgendes Aufheizen das Solarzellenmodul beschädigen oder sogar zerstören.

Das Ganze klingt nun ein wenig zu abenteuerlich und verdient deshalb eine kurze Erklärung: wenn sich eine beschattete Zelle wie ein verstopftes Wasserrohr verhält, versuchen die anderen Zellen der Kette ihren Nennstrom durch diese „Verstopfung" durchzudrücken – vorausgesetzt, dass am Kettenausgang eine entsprechende Belastung vorhanden ist. Falls die Zelle derartig beschattet ist, dass ihr Kurzschlussstrom niedriger ist, als der momentane Nennstrom der restlichen Zellen der Kette, kann dies unter Umständen (bei intensiverem Sonnenschein) zur Folge haben, dass die Zelle umpolt. Sie stellt somit der treibenden Spannung der restlichen Zellen ihre Sperrspannung entgegen. Dadurch heizt sie sich überproportional auf und kann gegebenenfalls die Vergussmasse im Modul derartig aufwärmen bzw. „anbraten", dass sich diese verfärbt oder dass sie sogar Blasen bildet.

Beides hat zur Folge, dass die Lichtdurchlässigkeit der Vergussmasse abnimmt, wodurch die betroffene Zelle neben der Beschattung auch noch diesem zusätzlichen Handicap ausgesetzt wird. Das führt – soweit das Solarmodul weiterhin während der Sommerhitze von der Sonne voll bestrahlt wird – zu weiterem Aufwärmen der Zelle, usw. Wenn der ganze Vorgang länger dauert, wird das Solarzellenmodul völlig unbrauchbar.

Um diese Gefahr zu bannen, werden entweder nach *Abb. 7.14 a*, parallel zu jeder Solarzelle oder nach *Abb. 7.14 b*, parallel zu einer Sektion der Solarkette *Bypass-Dioden* beigefügt. Einige moderne Solarmodule werden mit speziellen Solarzellen bestückt, in deren Siliziumschicht Bypass-Dioden direkt integriert (eingeätzt) sind.

Welches Solarmodul ist das richtige?

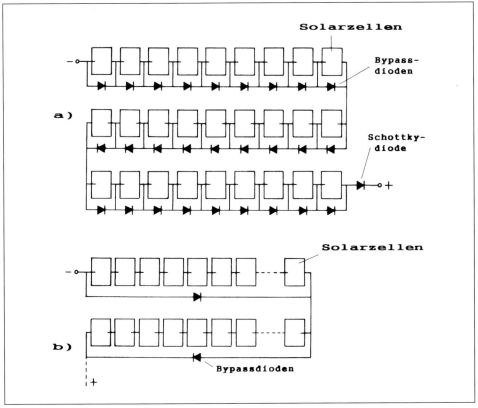

Abb. 7.14: Anordnungsbeispiele von Bypass-Dioden im Solarmodul: a) jede Solarzelle verfügt über eine eigene Bypass-Diode b) mehrere Solarzellen werden nur mit einer einzigen Bypass-Diode überbrückt

Eine Bypass-Diode fungiert quasi wie eine Baustellen-Umleitung: Wenn eine der Zellen in *Abb. 7.14 a*, beschattet wird, leitet „ihre" Bypass-Diode den Strom der restlichen Zellen um und am Modulen-Ausgang wirkt sich die Beschattung der Zelle nur als ein Spannungsverlust (von z.B. 0,46 V) aus. Dieser Spannungsverlust hat zwar auch einen Rückgang der Modulleistung zur Folge, aber nur in einem mathematischen Verhältnis laut Formel **„Spannung x Strom = Leistung"**.

Beispiel: Bei einem 17,5 V/3 A/52,5 W-Modul wird eine der Zellen beschattet. Das hat einen Spannungsrückgang von 0,46 V zur Folge, wodurch das Modul nur noch eine Spannung von etwa 17,04 Volt aufbringt. Daraus ergeben sich:

17,04 V x 3 A = 51,12 Watt als Modulen-Nennleistung

Wenn gleichzeitig mehrere Zellen des Moduls beschattet oder teilbeschattet werden, addie-

Welches Solarmodul ist das richtige?

ren sich verständlicherweise die einzelnen Spannungsverluste zu einem entsprechend größeren Spannungs- und Leistungs-Endverlust.

Viele Hersteller wenden die Bypass-Dioden gar nicht an, andere nur relativ „sparsam" – sie überbrücken mit einer Diode jeweils mehrere Zellen, wie in *Abb. 7.14 b* dargestellt ist. Eine solche Lösung schützt zwar das Solarmodul vor einer Beschädigung bzw. Zerstörung (was ja immerhin besser ist, als gar nichts), eine stärkere Beschattung setzt dann jedoch so ein Modul eventuell völlig außer Betrieb (die „Umleitung" über die Bypass-Diode ist zu weit und die ganze dazugehörende Zellenkette fällt als „Solargenerator" weg).

In unserem Beispiel nach *Abb. 7.12* wurden bestehende Solarmodule mit zusätzlichen Bypass-Dioden überbrückt. Es handelte sich hier offensichtlich um Module, in denen der Hersteller keine Bypass-Dioden integriert hat. Wenn hier z.B. eine der Sektionen voll im Schatten liegt und von der anderen nur das kleinere 2 V/3 A-Modul beschattet wird, kann sein größeres „Partnermodul" immerhin noch eine Spannung von ca. 16,7 V und einen Strom von ca. 3 A an den Batterie-Laderegler liefern.

Bei der Neuanschaffung von Solarmodulen, die für Camping-Fahrzeuge vorgesehen sind, sollten bevorzugt Module mit Solarzellen verwendet werden, in denen bereits in jeder Zelle eine Bypass-Diode integriert ist. Hier handelt es sich jedoch um spezielle Solarzellen – bzw. Solarmodule – die sich aus Kosten-

gründen bisher nicht auf breiterer Basis durchgesetzt haben. Natürlich auch deshalb nicht, weil der Vorteil dieser Zellen den meisten Kunden nicht mit einigen einfachen Sätzen erklärt werden kann. Zudem verfügen diese speziellen Zellen momentan nur über einen einzigen „Bypass" pro ganze Zelle. Aus dem Grund werden sie nur in Solarmodule eingesetzt, die mit „ganzen" Zellen bestückt sind und deren Nennstrom oberhalb von ca. 3 A liegt.

In Hinsicht auf diesen „Stand der Technik" kommt eigentlich das zusätzliche Anbringen von Bypass-Dioden nur bei kleineren oder älteren Solarmodulen in Frage. Bei Neuanschaffungen von größeren Solarmodulen sollte der Kunde darauf achten, dass jede der Einzelzellen mit integrierter Bypass-Diode versehen ist. Verzichtet dürfte auf diese Eigenheit im Prinzip nur bei Solarmodulen werden, die z.B. als tragbare (portable) Module dienen sollen.

Für den Kaufinteressenten ist oft nicht nachvollziehbar, ob oder wie viele Bypass-Dioden in dem einen oder anderen Solarmodul herstellerseits angebracht wurden. Man kann sich diese Information jedoch zusätzlich vom Anbieter „erzwingen".

Wer über das Phänomen der Zellenbeschattung Bescheid weiß, der wird beim Parken seines Caravans oder Reisemobils darauf achten, dass er auch einer kleineren Teilbeschattung des Moduls (die bereits durch einen Mast verursacht werden kann) aus dem Weg geht.

Welches Solarmodul ist das richtige?

7.5 Solaranlagen-Berechnung

Bei den meisten konkreten Anwendungen wird es sich nur um eine geringere Anzahl von elektrischen Verbrauchern handeln, bei denen der Stromverbrauch beispielsweise in der Form einer Tabelle aufgelistet werden kann (siehe Tabelle 3).

Der hier ermittelte Stromverbrauch von 8,1 Ah pro Tag ist als Verbrauch der zur Verfügung stehenden Akku-Kapazität zu betrachten. Dieser Kapazitätsverlust sollte vom Solarmodul wenn möglich täglich oder zumindest ausreichend oft nachgeladen werden.

Wenn wir nun einfachheitshalber annehmen, dass während der ganzen Zeit täglich die Sonne scheinen wird, bleibt nur noch die Frage offen, wie viele Stunden pro Tag das Solarmodul seinen annähernd vollen Nennstrom (als Ladestrom) liefern dürfte. Dies hängt natürlich von der Jahreszeit ab. Angenommen es ist Sommer, können wir damit rechnen, dass das Modul bis zu 9 Stunden täglich den benötigten Ladestrom (annähernd) liefern wird.

Einen kleinen Schönheitsfehler hat das Laden eines „normalen" Bleiakkus: die Ladeverluste betragen bis zu 20% (es handelt sich ja um eine ziemlich komplizierte chemische Umwandlung). Macht nichts! Wir müssen einfach um diese 20% den „Nachladebedarf" erhöhen und das Problem ist gelöst: Anstelle von den 8,1 Ah fallen daher 9,72 Ah an Tagesverbrauch an, die „irgendwann" nachgeladen werden müssen, denn 8,1 Ah x 1,2 = 9,72 Ah.

Wenn wir nun diese 9,72 Ah durch die 9 Ladestunden teilen, ergibt sich daraus ein Ladestrom von 1,08 Ah. Dies ist jedoch ein absolutes Minimum, das theoretisch vom Solarmodul täglich nachgeliefert werden müsste – was in der Praxis nur bedingt zutrifft.

Das ist allerdings eine utopische Voraussetzung, denn die Sonne geht zwar täglich auf (darauf war bisher immer Verlass), aber der Himmel kann bewölkt sein oder es kann sogar regnen.

Dieser unsichere Faktor lässt sich nicht mathematisch definieren und so bleibt eine reine Ermessensfrage, wie lange so ein Anlagen-Akku seinen „Mann" stehen muss, um auch einige sonnenarme Tage überbrücken zu kön-

Tabelle 3   Aufstellung des vorgesehenen Stromverbrauchs

Verbraucher:	Strombedarf:	Betriebsstunden pro Tag:	Stromverbrauch pro Tag:
Innenleuchte	0,9 A	0,4 Std.	0,36 Ah
Außenleuchte	1,2 A	0,2 Std.	0,24 Ah
Kaffeekocher (150 W)	12,5 A	0,6 Std.	7,5 Ah
		insgesamt	8,1 Ah

Welches Solarmodul ist das richtige?

nen. Solche Planungsüberlegungen hängen selbstverständlich auch davon ab, wie lange der „Ausflug" dauern soll, wie wichtig die Stromversorgung für einige der vorgesehenen Anwendungen ist, usw. Wer beispielsweise die solarelektrische Versorgung nur für die eigentliche zwei- oder dreitägige Anfahrt und Rückfahrt zu/von einem Campingplatz benötigt, dem könnte für ein derartiges Vorhaben auch ein relativ kleiner Akku mit einer Kapazität ab ca. 36 Ah völlig ausreichen.

Wird von dem Akku verlangt, dass er ohne Nachladen z.B. 7 Tage lang als Energiequelle dienen kann, müsste bei dem hier aufgeführten Verbrauch (von 7 x 8,1 A) die Akku-Kapazität „theoretisch ca. 56,7 Ah, praktisch jedoch mindestens ca. 80 bis 90 Ah betragen. Wenn nach evtl. 7 sonnenarmen (oder regnerischen) Tagen wieder die Sonne scheint, müssten die verbrauchten 56,7 Ah nachgeladen werden (wir runden es auf 57 Ah auf).

Angenommen, es steht ein Solarmodul zur Verfügung, dessen *Nennstrom (Ladestrom)* laut technischen Daten „max. 3 A" beträgt: An einem sonnigen Tag könnte das Modul im Idealfall bis zu 9 Stunden die 3 A Ladestrom liefern. Das ergibt 27 Ah, von denen bis zu 20% auf Ladeverluste entfallen. Bleiben ca. 21,6 Ah übrig, um die der Akku im Optimalfall nachgeladen werden könnte. So haargenau wird die Sache mit dem Nachladen nicht klappen, denn das Solarmodul bringt keine vollen 3 A an Ladestrom auf, sondern möglicherweise ca. 10% weniger. Und das auch nicht volle 9 Stunden, sondern vielleicht nur 8 Stunden pro Tag. Auch gut. Es genügt ja, wenn wir zumindest ungefähr davon ausgehen können, dass das Nachladen des Akku

„in etwa" drei sonnige Tage dauern könnte. Genauer braucht man bei derartig „launischen" Naturkräften nicht zu rechnen.

Wer in solchen Fällen etwas weniger Vertrauen in die Natur oder in seine Einschätzung des Verbrauchs hat, der kann einfach einen Akku mit einer wesentlich höheren Kapazität (von z.B. 200 Ah) und ein Solarmodul mit einem etwas höheren Nennstrom (von z.B. 5 A) einplanen (die optimale Nennspannung des Solarmoduls wurde bereits im Kap. 7.2 erklärt).

Wenn der vorgesehene tägliche Strombedarf höher wird als in unserem Beispiel berechnet wurde, erhöht sich entsprechend sowohl die Kapazität des Akkus als auch der Ladestrombedarf (der Modulen-Nennstrom) – und umgekehrt.

Die Höchstgrenze des Stromverbrauchs wird in den meisten Fällen einfach von der Anzahl der Solarmodule abhängen, die sich für das Vorhaben z.B. auf einem Fahrzeugdach, an einem Boot, im Auto-Kofferraum oder im Rucksack unterbringen lassen. Die Berechnung des Stromverbrauchs wird einfach immer als „Kapazitäts-Verbrauch des Akkus" berechnet, wobei man von dem Prinzip des Weinfass-Inhalts (aus Kap. 1.1) ausgeht.

7.6 Die Wahl der optimalen Modulen-Parameter

Wir haben bereits an anderen Stellen das Problem mit der optimalen Modulen-Nenn-

Welches Solarmodul ist das richtige?

spannung kurz angesprochen und einige Aspekte der richtigen Dimensionierung an praktischen Beispielen gezeigt.

Theoretisch ist es mit der Bestimmung der richtigen Nennspannung eines Solarmoduls am einfachsten, wenn der vorgesehene Verbraucher direkt vom Solarmodul aus (ohne einen Zwischenspeicher) betrieben wird. Die Modulen-Nennspannung sollte möglichst identisch mit der vom Hersteller angegebenen Versorgungsspannung des Verbrauchers sein. Es versteht sich von selbst, dass das Solarmodul auch für eine entsprechende Nennleistung ausgelegt werden muss. Gegen eine höhere Modulen-Nennleistung ist dabei nichts einzuwenden. Im Gegenteil: eine Erhöhung der Nennleistung um ca. 20 bis 25% schützt das Modul davor, dass es an einem heißen, sonnigen Tag zu einer Kochplatte wird und unter Umständen sogar einen Schaden davonträgt.

Solarmodule mit einer 12 Volt-Nennspannung (für eine direkte Stromversorgung von 12 V-Verbrauchern) gehören leider nicht gerade zu den gängigen Produkten. Die Spannung der meisten handelsüblichen Module ist für netzgekoppelte Dachanlagen vorgesehen und liegt überwiegend zwischen ca. 15 und 20,7 V. Dann folgt eine „Lücke" und danach gibt es noch Module, die für Spannungen ab ca. 33,8 Volt ausgelegt sind (diese Information bezieht sich allerdings nur auf die gegenwärtige Marktsituation).

Die meisten netzunabhängigen Solaranlagen (Inselanlagen) werden jedoch mit einem Akku als Energie-Zwischenspeicher ausgelegt, denn eine direkte Stromversorgung vom Solarmodul zum Verbraucher ist zu wetterabhängig und nur bedingt sinnvoll.

Die meisten Solarverbraucher – oder auch diverse andere Gleichstromverbraucher – sind für Spannungen von 6 V, 9 V, 12 V und 24 V konzipiert (die größte Auswahl bilden davon die 12 Volt-Verbraucher).

Die Suche nach einem passenden 12 Volt-Solarmodul für einen direkten Betrieb (ohne Zwischenspeicher) kann manchmal zu einer Geduldsprobe werden. Eine rein serielle – oder seriell-parallele – Schaltung von mehreren „kleineren" Solarmodulen ist für die angesprochenen Vorhaben weniger geeignet, denn die meisten der kleinen Module sind für zu kleine Leistungen ausgelegt.

Hypothetisch gibt es die Möglichkeit, dass man sich ein passendes Solarmodul im Selbstbau erstellt (siehe hierzu den Hinweis auf die dazu geeignete Literatur am Buchende).

Als eine andere Alternative bietet sich für einen Direktbetrieb die Anwendung eines „erhältlichen" Solarmoduls, dessen abweichende Nennspannung für den vorgesehenen Verbraucher zumutbar ist.

Da für einen „leistungskräftigeren" Direktbetrieb in der Praxis überwiegend nur Ventilatoren, Pumpen oder ausnahmsweise auch Kühl- und Heizkörper in Frage kommen, lässt sich hier etwas improvisieren. Die Gleichstrommotoren der meisten Ventilatoren und Pumpen sind ohnehin für einen Spannungsbereich konzipiert, der z.B. zwischen 10 und 18 Volt liegt. Dies ist natürlich „produktbezogen" zu

Welches Solarmodul ist das richtige?

prüfen bzw. durch Anbieter-Auskunft in Erfahrung zu bringen. Solche Verbraucher können dann bedenkenlos von einem Solarmodul aus betrieben werden, dessen Nennspannung z.B. zwischen 15 V und 18 V liegt.

Bei einer elektrischen 12 V-Auto-Kühlbox, deren Kühlsystem mit Peltier-Element(en) arbeitet, sollte dagegen die Versorgungsspannung (in unserem Fall die Solarspannung) nicht mehr als ca. 13,5 V betragen. Andernfalls heizt sich das Peltier-Element einseitig zu sehr auf und wird zu einer Heizplatte, die die Kühlbox vernichten kann.

Relativ ungefährlich ist bei so einer Kühlbox eine Unterspannung. Einige dieser Kühlboxen sind auch für eine 24 V-Versorgungs-Gleichspannung ausgelegt und können dann von einem 17,5 V- oder 18 V-Solarmodul direkt betrieben werden. Die Kühlleistung ist in dem Fall allerdings geringer: Bei einer Versorgungsspannung von nur 17,5 V sinkt die Kühlleistung einer 24 Volt/40 Watt-Kühlbox auf ca. 25 Watt – was noch eine „brauchbare" Kühlleistung darstellt.

Einfacher ist es mit diversen elektrischen Heizkissen oder Heizdecken, die manchmal auch direkt vom Solarzellen-Modul betrieben werden (wie im 1. Kap./*Abb. 1.12* bildlich dargestellt wurde).

Oft ist es von Vorteil, wenn man hier für die Solarstrom-Versorgung ein Solarmodul benutzt, dessen Nennspannung z.B. zwischen ca. 17,5 und 18,5 V liegt und anderweitig als Ladestrom-Quelle dienen kann. Das Problem der „Überspannung" lässt sich auch hier damit umgehen, dass zu diesem Zweck ein 24 V-Heizkissen *nach Abb. 7.15 a* oder zwei 12 V-Heizkissen in Serie *nach Abb. 7.15 b* verwendet werden.

Wir sehen uns nun interessehalber an, wie sich eine Spannung von 17,5 V auf die tatsächliche Wärmeleistung eines 24 V/45 W-Heizkissens auswirkt:

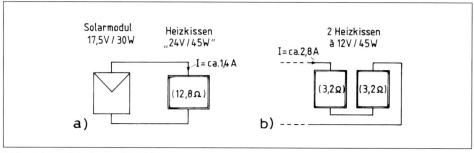

Abb. 7.15: Elektrische Heizkissen und Heizdecken können bei der Versorgung mit einer „Unterspannung" schlicht als Ohmsche Widerstände betrachtet werden: a) liegt die Spannungsversorgung eines 24 V/45 W-Heizkissens nur bei 17,5 V, ergibt sich aus seinem Ohmschen Widerstand (von 12,8 Ω) eine Heizleistung von nur ca. 24,5 W; b) anstelle eines 24 V-Heizkissens können zwei 12 V-Heizkissen in Serie an ein Solarmodul angeschlossen werden (siehe weiter im Text)

Welches Solarmodul ist das richtige?

45 W : 24 V = **1,875 A** (Heizkissen-Strom)
24 V : 1,875 A = **12,8 Ω** (Heizkissen-Widerstand)

Den Ohmschen Widerstand des Heizkissens benötigen wir um feststellen zu können, wie sich dieser auf die Heizleistung auswirkt, wenn die Versorgungsspannung nur 17,5 V anstelle der vorgesehenen 24 V beträgt:

17,5 V : **12,8 Ω** ≈ **1,4 A** (Heizkissen-Strom)
17,5 V x **1,4 A** = **24,5 W** (Heizleistung)

Die errechneten 24,5 Watt beziehen sich auf die Wärmeleistung des in *Abb. 7.15 a* eingezeichneten 24 V/45 W-Heizkissens, wenn es nur eine 17,5 V-Versorgungsspannung erhält.

Alternativ können zwei in Serie geschaltete 12 V-Heizkissen an ein 17,5 V-Solarmodul angeschlossen werden, wie es in *Abb. 7.15 b* eingezeichnet ist. Hier käme jedoch der Leistungsbedarf beider Heizkissen auf ca. 48 Watt. Ein 30 Watt-Solarmodul könnte diesen Leistungsbedarf verständlicherweise nicht bewältigen und nur bedingt verkraften. Die Solarzellen würden sich in diesem Fall durch den niedrigen Ohmschen Heizkissen-Widerstand (von 6,4 Ω) bei kräftigerem Sonnenschein zu sehr aufheizen, denn der überhöhte Strombedarf käme in den Kurzschlussstrom-Bereich.

Unsere Berechnung der Wärmeleistung stellt allerdings nur eine vereinfachte Methode dar, die nur ungefähr die Größenordnung des Leistungsunterschiedes transparenter macht. Es wurden hier zwei wichtige „Unbekannte" negiert, die einen Einfluss auf die tatsächliche Wärmeleistung haben: Erstens gilt der Ohmsche Widerstand des Heizkissens (12,8 Ω) nur für die volle Heizleistung. Wenn die Heizleistung sinkt, sinkt auch die Temperatur des Heizkissen-Widerstandsdrahtes und damit sein Ohmscher Widerstand (wodurch die Heizleistung etwas höher wird, als wir ausgerechnet haben).

Die zweite „Unbekannte" stellt die wetterabhängige Modulen-Spannung dar. Daher zeigen alle Planungsberechnungen nur optimale Ergebnisse, bei denen in der Praxis mit Abstrichen zu rechnen ist.

Wir haben nun der direkten Solarstromversorgung bewusst viel Aufmerksamkeit gewidmet, um die ganze Problematik etwas durchschaubarer zu machen. Viele der angesprochenen Aspekte dürften auch demjenigen dienlich sein, der eine Solaranlage mit einem Akku als Zwischenspeicher plant.

Wenn das Solarmodul als „Ladestrom-Quelle" für z.B. einen 12 Volt-Bleiakku vorgesehen ist, ist die Solarspannung als die „Spannung eines Ladegerätes" zu betrachten: Diese muss bekannterweise „wesentlich höher" liegen als die Spannung eines voll aufgeladenen Bleiakkus, denn andernfalls kann vom Laderegler in den Akku kein ausreichender Ladestrom fließen.

Am einfachsten ist es, wenn man sich den ganzen Ladevorgang so vorstellt, als ob anstelle des Akkus nur ein Widerstand an das Solarmodul angeschlossen wäre. Sehen Sie sich bitte erst den Schaltkreis in *Abb. 7.16 a* an:

Welches Solarmodul ist das richtige?

Hier ist ein 5 Ohm-Widerstand an eine 17,5 V-Batterie angeschlossen. Würden wir die Zenerdiode weglassen, würde der Widerstand von der Batterie (laut Ohmschen Gesetz) einen Strom von 3,5 A beziehen (17,5 V : 5 Ω = 3,5 A). Die eingezeichnete Zenerdiode verringert die Spanungsdifferenz zwischen der Batterie und dem Widerstand auf 6,5 Volt (17,5 V – 11 V = 6,5 V). Damit bezieht der Widerstand von der Batterie nur einen Strom, bei dem in die Formel „**I = U : R**" als Spannung nur die Differenzspannung von 6,5 V eingesetzt wird (6,5 V : 5 Ω = 1,3 A).

Auf dieselbe Weise wirkt sich der Innenwiderstand eines Anlagenakkus auf den Solar-Ladestrom aus. Der Schaltkreis in *Abb. 7.16 b* ist im Prinzip elektrisch identisch mit dem Schaltkreis links: Als Spannungsquelle fungiert hier ein Solarmodul und anstelle der Zenerdiode ist hier ein Anlagen-Akku eingezeichnet, dessen „momentane" Spannung 11 V beträgt (es kann sich dabei um eine 12 V-Autobatterie handeln, die auf 11 Volt entladen ist). Der Innenwiderstand des Akkus beträgt in diesem Beispiel 5 Ω (er hängt von der Kapazität und von dem elektrischen Zustand des Akkus ab).

In der Praxis ist der Innenwiderstand eines Akkus dem Anwender unbekannt und somit stellt er keine „Planungsgrundlage" dar (es sei denn, man misst den jeweiligen Ladestrom mit einem Amperemeter und rechnet sich danach „spaßhalber" mit Hilfe des Ohmschen Gesetzes den jeweiligen Innenwiderstand des Akkus aus). Für unsere Aufklärung genügen jedoch die aufgeführten 5 Ω, um die Problematik des Ladens greifbarer darzustellen.

Auf diese Weise können wir uns u.a. Folgendes vorstellen: Wenn z.B. bei einem leicht bewölkten Himmel die Solarspannung auf 14 Volt sinkt und der Anlagen-Akku ist zu dem Zeitpunkt bereits auf 12 Volt aufgeladen, beträgt (bezugnehmend auf *Abb. 7.16 b*) die Spannungsdifferenz nur 2 Volt. Der Ladestrom sinkt in dem Fall auf 0,4 Ampere (2 V : 5 Ω = 0,4 A).

Wichtig bei allen diesen Überlegungen ist die Frage der optimalen Modulen-Nennspannung und des „angemessenen" Modulen-Nennstroms. Ein noch so großer Modulen-Nennstrom wirkt sich jedoch auf das Laden nicht aus, wenn die Solarspannung nicht ausreichend hoch ist.

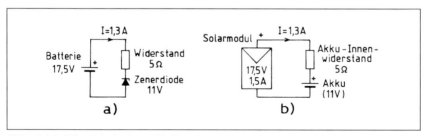

Abb. 7.16: Die elektrischen „Verhältnisse" beim Laden eines Akkus lassen sich am einfachsten begreifen, wenn man sich den Akku als einen reinen Ohmschen Widerstand vorstellt, der vom Solarmodul einen Ladestrom bezieht (siehe weiter Text)

Welches Solarmodul ist das richtige?

So ändert sich der Ladestrom in der Schaltung nach *Abb. 7.16* nicht, wenn da z.B. ein 17,5 V/**5 A**-Solarmodul eingesetzt wird. In der Praxis würde man da einen größeren Akku (der einen niedrigeren Innen-Widerstand hat) bzw. mehrere parallel verbundene Akkus verwenden, um den vollen Solar-Ladestrom nutzen zu können.

In unserem Breitengrad liegt die Schwachstelle der meisten erhältlichen Solarmodule bei einer zu niedrigen Nennspannung. Man darf ja nicht vergessen, dass die offizielle Modulen-Nennspannung lediglich ein Optimum darstellt, mit dem nur bei idealen Wetterbedingungen gerechnet werden kann. Zudem gehen ca. 0,3 V der Solarspannung in der Schottky-Diode verloren und abgesehen davon ist die Modulen-Nennspannung in den Datenblättern manchmal etwas nach oben aufgerundet. Wenn dann der Himmel gering bewölkt ist, sinkt sowohl die Modulenspannung als auch die Modulenleistung prompt um 25 bis 30%. Ein 17,5 V-Solarmodul bringt dann nur eine Ladespannung von ca. 10,2 bis 12,7 V auf die Waage.

Diese Funktionsweise verdient vor allem dann etwas mehr Beachtung, wenn die netzunabhängige Solarstrom-Versorgung für die etwas kühlere (und trübere) Jahreszeit vorgesehen ist. Die Nennspannung des Solarmoduls sollte dann – wie bereits an anderer Stelle angesprochen wurde – möglichst höher als bei den „handelsüblichen" 17,5 oder 18 V liegen.

Bei Zweifel lassen sich sowohl der Ladestrom als auch die Ladespannung messen, um sich zu vergewissern, dass der Ladestrom einigermaßen proportional zu der jeweiligen Ladespannung steht. Wenn sich dabei herausstellt, dass dieser zu niedrig ist, sollte die Modulenspannung erhöht werden. Dies kann notfalls auch mit einem einfachen kleinen Eigenbau-Modul geschehen, das mindestens für denselben Nennstrom wie das „Hauptmodul" ausgelegt ist.

Im Zusammenhang mit diesen Beispielen ist nochmals darauf hinzuweisen, dass der Anlagen-Akku vom Solarzellenmodul über einen passenden Laderegler (*nach Abb. 7.17*) geladen werden soll. Wir wissen in-

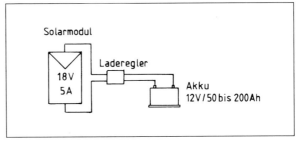

Abb. 7.17: Vollständigkeitshalber: die in vorhergehender Abbildung eingezeichneten Akkus werden normalerweise über einen Laderegler „schonend" geladen

Welches Solarmodul ist das richtige?

zwischen, dass ein Laderegler weder die Solarspannung noch den Ladestrom erhöhen kann, sondern nur den Ladestrom drosselt, wenn am Ende des Ladens die Akkuspannung in die Nähe eines vorgegebenen Maximums (von z.B. 13,6 V) steigt. Damit soll verhindert werden, dass der Akku am Ende des Ladevorgangs zu kochen anfängt und gewährleisten, dass das Laden optimal verläuft. Allerdings nur in Abhängigkeit von der Solarspannung, Solarleistung und von dem Innenwiderstand des Anlagen-Akkus.

Mit der zunehmenden Größe (Kapazität) des Anlagen-Akkus sinkt sein Innenwiderstand. Somit ermöglicht ein „größerer" Akku eine bessere Nutzung der Solarleistung. Anderseits steigen mit der Akku-Kapazität auch seine Selbstentlade-Verluste, was wiederum dagegen spricht, dass die Akku-Kapazität unangemessen groß gewählt wird.

Solarprodukte und Solarverbraucher   8

Für die Anwendung in solarelektrischen (photovoltaischen) Anlagen eignen sich vor allem solche Produkte und Verbraucher, die als „Solarprodukte" bzw. energiesparende „Solarverbraucher" angeboten werden. Auch viele der gängigen Geräte, Werkzeuge, Lampen und Materialien, die als Autozubehör, als Campingartikel oder als „kabellose" Haushaltsgüter im Handel erhältlich sind, eignen sich mehr oder weniger für Solaranlagen. Weniger dann, wenn sie (als Verbraucher) nicht gezielt energiesparend ausgelegt sind oder wenn sie als Netzgeräte nur über einen zusätzlichen Wechselrichter betrieben werden können.

8.1 Solarlampen

Am preiswertesten sind hier natürlich normale Glühlampen, die es für Spannungen ab ca. 1,2 V im Handel gibt. Als Mini-Glühlampen, Skalenbeleuchtung, Fahrrad-, Motorrad- und Autolampen, usw. Sie haben jedoch einen niedrigen Wirkungsgrad (von 4–7%) und eignen sich daher bestenfalls nur für Anwendungen, bei denen eine Beleuchtung von sehr kurzer Dauer vorgesehen ist.

Einen *etwas* besseren Wirkungsgrad als die „normalen" Glühlampen haben Halogenlampen. Sie sind auch als Mini-Lampen für Spannungen ab ca. 2,8 V erhältlich. Der Wirkungsgrad ist bei kleineren Halogenlampen nicht immer angegeben und liegt ca. 50% bis 100% höher als bei vergleichbaren Glühlampen (was markenabhängig variiert).

Den mit Abstand besten Wirkungsgrad haben energiesparende Leuchtstofflampen, worunter auch die speziellen Solar-Neonlampen. Sie geben – markenabhängig – bei demselben Stromverbrauch ca. drei- bis sechsmal so viel

Abb. 8.1: Ausführungsbeispiel einer handelsüblichen energiesparenden 12 V-Solarlampe

Solarprodukte und Solarverbraucher

Licht wie die herkömmlichen Glühbirnen bzw. Autolampen.

Leuchtstofflampen benötigen ein Vorschaltgerät, das entweder als separater Baustein erhältlich oder direkt in dem auswechselbaren Leuchtkörper (Energie-Sparlampe) untergebracht ist.

Diese energiesparenden Leuchtkörper haben drei gemeinsame Merkmale: einen hohen Wirkungsgrad (der oft mit der Lampenleistung steigt), eine wesentlich längere Lebensdauer als Glühbirnen und unsympathisch hohe Preise.

Wer diesen Verlockungen aus dem Weg gehen will, der kann oft im Autohandel energiesparende 12 V-Leuchtstofflampen als kostengünstige „Montagelampen" erhalten. Allerdings ohne Angabe des Wirkungsgrades und somit ohne eine Garantie, dass sie optimal energiesparend ausgelegt sind.

Eine „gute" 4 Watt-Leuchtstofflampe hat *beispielsweise* eine Lichtleistung von 120 Lumen, eine 8 Watt-Leuchtstofflampe von 430 Lumen und eine **16 Watt-Leuchtstofflampe** von **1300 Lumen** (zum Vergleich: eine gute 230 V/**100 W-** herkömmliche **Glühbirne** bringt **ebenfalls nur 1300 Lumen** an Lichtausbeute). Dieses Beispiel hat zwar keine Allgemeingültigkeit, aber in den meisten Fällen haben leistungsstärkere Leuchtstofflampen einen höheren Wirkungsgrad als kleine Leuchtstofflampen.

Wo viel Licht benötigt wird, sollte deshalb bevorzugt eine einzige größere Leuchtstofflampe anstatt mehreren kleineren Leucht-stofflampen verwendet werden. Wenn gelegentlich weniger Licht genügt, kann auf zusätzliche kleine Lampen umgeschaltet werden, die „daneben" installiert sind. Ein Lichtdimmer ist nicht zu empfehlen, denn der funktioniert nicht energiesparend (bei halber Lichtintensität liegt z.B. der echte Energieverbrauch noch bei etwa 82%).

Nebenbei: Einen sehr hohen Wirkungsgrad weisen auch „superhelle" Leuchtdioden (LEDs) auf. Achten Sie jedoch beim Vergleich der Leuchtstärkeangaben auf den Abstrahlwinkel! Je kleiner er ist, desto höher ist natürlich die Leuchtstärke.

LEDs eignen sich z.B. gut vor allem für diverse Solar-Warnsysteme. Sie begnügen sich mit einer Spannung zwischen ca. 1,6 V bis 2,7 V und lassen sich auch in Reihenschaltungen an 12 V-Akkus direkt anschließen.

Solarleuchten als Fertigprodukte gibt es im Handel oft in der Form von Gartenlampen bzw. Außenleuchten, die entweder für den Anschluss an eine externe Stromquelle (Akku) ausgelegt sind oder eigene Solarzellen im Lampenkörper haben.

Bei den meisten handelsüblichen Solar-Außenlampen mit „eigenen" Solarzellen reicht die viel zu kleine Solarzellenfläche und der viel zu kleine interne Akku in unserem Breitengrad nicht aus.

Sie sind in der Regel mit einem Dämmerungsschalter ausgestattet, schalten bei Dämmerung ein und leuchten dann einfach solange, bis der Akku leer ist. Die tägliche Leuchtdauer hängt jeweils davon ab, wie gut

Solarlampen

sich der Akku tagsüber wetterbedingt aufladen konnte. Als Außenbeleuchtung kommen derartige Lampen eigentlich nur dann in Frage, wenn sie mit einem infraroten Bewegungsmelder kombiniert werden.

8.2 Elektromotoren für Solarbetrieb

Als Elektromotoren für Solarbetrieb eignen sich im Grunde genommen alle Gleichstrommotoren, die im Fach- und Versandhandel erhältlich sind.

Die meisten Gleichstrommotoren werden als universale Grundbausteine – mit oder ohne Getriebe – gehandelt. Es gibt jedoch auch Spezialmotoren, die gezielt für vorbestimmte Funktionen – wie Pumpen, Kinderfahrzeuge, Modellbau, usw. – ausgelegt sind.

Die kleinsten Solarmotoren *(Abb. 8.2)* arbeiten bereits bei einer Versorgungsspannung von ca. 0,45 V (eine Solarzelle). Die größten handelsüblichen Gleichstrommotoren benötigen Versorgungsspannungen von bis zu 100 V und ihr Leistungsbereich erstreckt sich gegenwärtig bis zu etwa 10 kW.

Für individuelle Spezialkonstruktionen eignen sich oft Gleichstrommotoren, die in Akkuwerkzeugen verwendet werden oder als Kfz-Zubehör erhältlich sind. Für die Erstellung einfacher Solarantriebe lassen sich in vielen Fällen auch komplette Akkuschrauber, Akkubohrmaschinen, elektrische Autofensterheber oder andere Antriebe aus dem

Abb. 8.2: Die kleinsten „Solar-Elektromotoren" sind für Spannungen von 0,45 V ausgelegt und können somit bereits mit einer einzigen Solarzelle betrieben werden

Autozubehör wie auch aus dem Modellbauzubehör nutzen.

Auch hier ist der Wirkungsgrad ein wichtiger Parameter. Es gibt einige spezielle Solarmotoren, die einen wirklich hohen Wirkungsgrad haben. Andere Solarmotoren schmücken sich nur mit diesem Namen und weisen Parameter auf, die schon vor einigen Jahrzehnten ihre Vorgänger hatten, welche man schlicht nur als Standard-Gleichstrommotoren deklarierte.

Hier lässt sich nur durch den Vergleich von technischen Daten ermitteln, wie es mit dem Wirkungsgrad konkret aussieht. Entweder an der eigentlichen Leistung des Solarmotors oder an der Leistung des Endprodukts – wie z.B. an der Fördermenge einer Solarpumpe in Bezug auf den Leistungsverbrauch.

Im Vergleich zu einem Wechselstrommotor arbeitet ein Gleichstrommotor oft in einem breiten Spannungsbereich. Manche Hersteller geben den vollen Spannungsbereich – z.B. als

Solarprodukte und Solarverbraucher

5 bis 16 V – an, andere führen nur eine einzige Nennspannung auf, bei der die Leistung den besten Wirkungsgrad ergibt. Hier handelt es sich manchmal um konstruktiv bedingte Daten, manchmal nur um empfehlenswerte Angaben.

Für die praktische Anwendung dürften anstelle komplizierter Diagramme folgende Hinweise ausreichen:

- Ein Gleichstrommotor, dessen „Arbeitsspannung" im Datenblatt mit breitem „Von-bis-Bereich" angegeben wird, hat bei niedrigerer Spannung eine entsprechend niedrigere Drehzahl wie auch eine niedrigere Leistung (bei halber Spannung sinkt die Leistung auf nur ca. 25%).
- Der optimale Wirkungsgrad liegt bei den meisten Gleichstrommotoren unterhalb der obersten Leistungsgrenze in einem vom Hersteller definierten Gebiet (z.B. durch Angabe der optimalen Spannung).
- Wenn die dem Motor zugeführte Spannung oberhalb der erlaubten Spannungsgrenze liegt, wird seine Lebensdauer strapaziert oder er verbrennt; wenn dagegen die Spannung derartig niedrig wird, dass der Motor ganz zu drehen aufhört, wärmt bzw. heizt ihn der zugeführte Strom weiterhin auf und kann ihn – abhängig von seiner Konstruktion und der Belastung – sogar vernichten.

Soweit man einen Elektromotor als „Baustein" kauft, sind in dem Datenblatt üblicherweise die vom Hersteller empfohlenen Spannungsgrenzen angegeben (z.B. als Betriebsspannung von 4,8 bis 15 Volt). Mit steigender Versorgungsspannung steigen normalerweise kräftig auch die Drehzahl und die Leistung.

Etwas fraglicher kann es mit den zulässigen Grenzen der Versorgungsspannung bei einem Fertigprodukt sein. Bei einem Ventilator oder Akkuschrauber ist nur eine einzige Betriebsspannung angegeben. Es kann dabei vorkommen, daß z.B. in einem 9 Volt-Ventilator ein Gleichstrommotor eingebaut ist, der laut Hersteller für eine Betriebsspannung von 4,5 bis 15 Volt konstruiert wurde. Es kann sich hier aber auch um einen Motor handeln, der sich nur für einen Spannungsbereich von 3 bis 9 Volt eignet. Soweit man also bei einem solchen Motor nicht weiß, welche Maximumspannung für ihn noch zumutbar ist, sollte die vom Hersteller angegebene Spannung nicht überschritten werden.

Mit dem Unterschreiten der Spannung ist es dagegen etwas einfacher, denn hier lässt sich probeweise ermitteln, wann der Motor nicht mehr bereit ist mitzumachen.

Bemerkung: Im technischen Datenblatt diverser Gleichstrommotoren gibt der Hersteller manchmal nur eine Drehrichtung an. Dabei ist ja allgemein bekannt, dass die entgegengesetzte Drehrichtung eines Gleichstrommotors einfach durch Änderung der Spannungspolarität zu erreichen ist.

In der Praxis ist es folgendermaßen: Auch wenn der Hersteller für den einen oder anderen Motor nur *eine* Drehrichtung angibt, darf der Motor dennoch auch in der anderen Richtung betrieben werden. Allerdings werden dann die angegebenen Leistungsdaten und die Lebensdauer nicht ganz erreicht.

Solar-Pumpen

Abb. 8.3: Spezielle „Solarpumpen" weisen einen hohen Wirkungsgrad auf und können bei relativ niedriger Stromabnahme hervorragende Förderleistungen erbringen.

Fast alle Gleichstrommotoren der Akku-Handwerkzeuge – worunter auch die in beide Richtungen drehenden Akkuschrauber – sind eigentlich nur für eine Haupt-Drehrichtung konzipiert. Wenn also ein Motor dieser Bauart für einen Antrieb mit zwei Drehrichtungen eingesetzt wird, sollte seine angegebene (bzw. seine anwendungsorientierte Haupt-Drehrichtung) ebenfalls bevorzugt als Haupt-Drehrichtung genutzt werden.

8.3 Solar-Ventilatoren

Als Solar-Ventilatoren (Lüfter) eignen sich die meisten Gleichstrom-Ventilatoren, soweit es mit ihren technischen Daten stimmt. Anhand von technischen Daten lassen sich hier die Förderleistungen (Luftleistungen) in m^3/h bei einzelnen Produkten vergleichen.

Ventilatoren laufen üblicherweise bereits bei einer ziemlich niedrigen „Unterspannung" an und wärmen sich dabei in den meisten Fällen nicht derartig auf, dass es zu einer Beschädigung des Motors kommen könnte.

8.4 Solar-Pumpen

Ähnlich wie bei Elektromotoren ist auch hier die Bezeichnung „Solar" nicht unbedingt dafür bestimmend, ob sich das eine oder andere Erzeugnis für den Solarantrieb eignet.

Prinzipiell spricht nichts dagegen, dass anstelle einer echten Solarpumpe eine beliebige Gleichstrompumpe verwendet wird, die nicht als „Solar" bezeichnet ist. Bei derartigen „normalen" Pumpen muss jedoch auf Folgendes geachtet werden:

- Einige dieser Pumpen eignen sich nicht für Dauerbetrieb und benötigen Arbeitspausen. Bei diesen Pumpen findet sich dann unter den technischen Daten ein entsprechender Hinweis. Der kann im einfachsten Fall nur z.B. „50% ED" lauten. Das bedeutet 50% Einschaltdauer. So eine Pumpe arbeitet eigentlich in einem Flip-Flop-Rhythmus und muss abwechselnd jeweils nach einer kurzen Laufzeit abgeschaltet werden und abkühlen

Solarprodukte und Solarverbraucher

Manchmal gibt der Hersteller zu der Einschaltdauer einen konkreten Hinweis. Zum Beispiel: „50% ED; Einschaltdauer max. 90 Sekunden."

- Viele der einfacheren (preiswerteren) Pumpen benötigen für dieselbe Förderleistung bis zu doppelt so viel elektrische Energie als „echte" Solarpumpen. Somit eignen sie sich oft nur für gelegentliche oder sehr kurzfristige Einsätze.

Unter den technischen Daten befinden sich bei Pumpen u.a. immer Angaben über Fördermenge in Liter pro Minute (oder pro Stunde), max. Förderhöhe bei Tauch- und Brunnenpumpen bzw. Wassersäulen-Höhe bei Springbrunnenpumpen.

Hiermit können die Leistungen und der Verbrauch diverser Produkte verglichen werden. Es ist nicht schwierig auszurechnen, wieviel Wasser man wohin pumpen möchte und welche Pumpe sich aus den Angeboten dafür am besten eignet.

Solarpumpen gibt es inzwischen in vielen Ausführungen. Für kleinere Fördermengen bzw. Förderhöhen gibt es diverse kleine Springbrunnen- oder Weiherwasserfall-Pumpen, zu denen auch das übliche Zubehör (Sprinkler, Filter) erhältlich ist.

8.5 Elektrogeräte und Elektrowerkzeuge

Elektrogeräte und Elektrowerkzeuge gibt es zwar selten als echte Solarprodukte, aber als „solartauglich" kann hier im Grunde genommen alles betrachtet werden, was für Batteriebetrieb konstruiert wurde, bzw. als Autozubehör erhältlich ist.

Besonders vorteilhaft eignen sich hier 12 V-Akkuwerkzeuge. Statt über das übliche netzabhängige Ladegerät können diese Werkzeuge beispielsweise über den Anlagen-Laderegler oder direkt vom Anlagen-Akku (z.B. über einen Schutzwiderstand von 47 Ohm) geladen werden. Akkuwerkzeuge, die für niedrigere Spannungen ausgelegt sind, können einfach über einen einstellbaren Spannungsregler direkt vom Solarzellenmodul oder vom Akku geladen werden.

Bei der Anwendung von Netzgeräten, die für die 230 V-Wechselspannung ausgelegt sind, sollte man darauf achten, dass sie nicht als ausgesprochene „Stromfresser" den Energievorrat einer Solaranlage im Handumdrehen leersaugen.

Wer sich z.B. im Caravan einen 230 V~/**1000 Watt**-Staubsauger (anstelle eines kleinen Auto-Staubsaugers) auf die Reise mitnimmt, sollte darüber Bescheid wissen, dass es sich bei dieser Leistung *nur* um die *Aufnahmeleistung* des Staubsauger-Motors handelt. Diese wird bei manchen Produkten aus „marketingtechnischen" Gründen einfach dadurch erhöht, dass man den Motor billig konzipiert: Eine große Luftspalte zwischen Rotor und Stator, schlechte Lagerung und zu große Saugverluste sind die bekanntesten Ursachen dafür, dass so mancher 1000 Watt-Sauger nicht einmal die doppelte Leistung eines „uralten" 100 W-Staubsaugers aufbringt.

Solar-Pumpen

Dasselbe kann unter Umständen auch bei diversen elektrischen Kochgeräten – wie Wasserkocher, Kaffeekocher oder Eierkocher – vorkommen. Bei Wasserkochern sind die Wärmeverluste prinzipiell dann am niedrigsten, wenn die Heizspirale direkt (sichtbar) vom Wasser umschlungen ist. Bei Wasserkochern, bei denen die Heizspirale unsichtbar unter dem Boden des Kochers untergebracht ist, geht logischerweise ein wesentlich größerer Teil der Wärme verloren. Denselben Nachteil weist auch eine jede normale elektrische Kochplatte auf.

Elektrische Kaffeekocher verbrauchen generell mehr Strom als Wasserkocher. Daher eignen sich Wasserkocher auch zum Kaffeekochen besser (Wasser kochen – übergießen – fertig). Auf die Art geht es zudem auch schneller und der Kaffee ist genauso gut).

Bei der Suche nach einem speziellen 12 V-Reise-Eierkocher wird man in unserem Lande meistens keinen Erfolg haben. Hier sollte dann zumindest nach einem möglichst kleinen Netz-Eierkocher (mit niedrigem Stromverbrauch) Ausschau gehalten werden. Dieser muss jedoch über einen zusätzlichen Wechselrichter betrieben werden, dessen Stromverbrauch nicht nur von seinem offiziellen Wirkungsgrad, sondern auch von *dem* Wirkungsgrad abhängt, der z.B. bei einer kleinen Belastung eines größeren Wechselrichters ausgesprochen ungünstig sein kann.

Das Hauptproblem eines Wechselrichters besteht ja darin, dass er einen gewissen Eigenverbrauch hat, der markenabhängig ohne Rücksicht auf die jeweilige Abnahmeleistung ziemlich hoch sein kann. Dies unabhängig davon, ob der Wechselrichter automatisch auf Standby umschaltet, sobald keine Stromabnahme stattfindet.

Wer an weiterer themenbezogener Literatur interessiert ist, dem empfehlen wir folgende Literatur vom Franzis Verlag (Autor Bo Hanus):

„Solaranlagen richtig planen, installieren und nutzen"/300 Seiten
„Das große Anwenderbuch der Solartechnik"; 2. Auflage/367 Seiten
„Wie nutze ich Solartechnik in Haus und Garten?"; 3. Auflage/97 Seiten
„Das große Anwenderbuch der Windenergie-Technik"/319 Seiten
„Wie nutze ich Windenergie in Haus und Garten?"/97 Seiten
„Drahtlos schalten, steuern und regeln in Haus und Garten" (mit solarbetriebenen Garagentoren u.v.a.)/270 Seiten

**Oder zum „Auffrischen"
der Elektronik-Kenntnisse:**

„Der leichte Einstieg in die Elektronik"; 2. Auflage/363 Seiten
„Das große Anwenderbuch moderner Elektronik"/334 Seiten
„So steigen Sie leicht in die Elektronik ein"/97 Seiten

Lieferantenhinweis
(auch für Katalog-Anforderung):
Conrad Electronic, Klaus-Conrad-Straße 1
92240 Hirschau

Tel. 0180/531 2111, Fax 0180 / 531 2110

Internet: www.conrad.de

Sachverzeichnis

A

Abmessungen	58
Absorptions-Kühlschränke	45
Akku-Kapazität	15, 79, 80
Akku-Kinderautos	28
Akkus	20
Alarm	48
Alarmanlage	41, 47
Alarmbeleuchtung	48
Amorphe Dünnschicht-Zellen	56
amorphes Dünnschicht-Modul	24
Amperestunden	15
Ankerwinde	51
Anlagen-Akku	12
Annäherungsschalter	8
Antireflex-Schicht	54
Antriebstechnik	31
Audiogeräte	41
Aufnahmeleistung	92
Aufwärmen von Babynahrung	46
Aufwärmen von kleineren Mahlzeiten	46
Ausführung	64
Ausgangsleistung	23
Ausrichtung und Nutzung der Solarmodule	66
Außenbordmotoren	29
Außenleuchten	88
außerhäuslich	8
Autobatterien	20, 21
Autodach	26
Auto-Kühlboxen	45
Autopilot	51

B

Baby-Alarm	8
Beleuchtung	8
Berechnung des Stromverbrauchs	80
Beschattungsempfindlichkeit der Solarmodule	76
Bewegungsmelder	48
Bleiakkus	20
Boot	51
Boote mit Solarantrieb	28
Bord-Akkus	22
Bord-Alarmzentrale	48
Bugscheinwerfer	51
Bypass-Dioden	73, 74, 76, 77

C

Campen	33
Caravan	41, 51
Computer	41

D

Dämmerungsschalter	34, 45, 88
Dauerstrombelastung	46
Dieselgenerator	41
diffuses Sonnenlicht	69
dimensionieren	13
Dimensionierung	36
Drehbühne	67

E

Eierkocher	93
Einbruchsschutz	8, 47, 48
Eingangsspannung	23
Einschaltdauer	92
Einschätzung der voraussichtlichen Wetterbedingungen	71
elektrisch beheizbare Spiegel	41
elektrische Einstiegstufe	41
elektrischer Eierkocher	47
elektrisches Heizkissen	19
Elektrogeräte	92
Elektrogrill	41
Elektrolyt	21
Elektromotoren	89
Elektrowerkzeuge	92
energetische Ausbeute	30
energetischer Bedarf	38
Energiespeicher	10
Energieversorgung des Bordnetzes	52
Entlade-Endspannung	12
Entlade-Schlussspannung	12
Entladeverhalten	21
Entladung	17
Ermüdungserscheinungen	54

F

flexible Solarmodule	42, 65, 66
Förderhöhe	92
Förderleistung	92
Fördermenge	92
fotovoltaisch	10
Frostunempfindlichkeit	22
Funk	49
Funk-Alarmmelder	49
Funk-Melder	48
Funksender	48
Funk-Türglocken	49

G

Gartenlampen	88
Gasungsspannung	27
gekapselte Solar-Minipaneele	27
gekapselte Solarzellen	26
Geschirrspüler	41
Gleichstrom-Motor	13
Gleichstrom-Motorantriebe	29
Gleichstrommotoren	89, 90
Glühlampen	45, 87
Gussmasse	64

Sachverzeichnis

H

Halogenlampen	45, 87
Hand-Kühlboxen	24
Haupt-Drehrichtung	91
Heiz- und Kochgeräte	8
Heizdecken	46
Heizen mit Solarstrom	36, 46
Heizkissen	31, 46
Heizlüfter	46

I

Infralampen	46
Infrarot-Bewegungsschalter	45
Infrastrahler	46
integrierter Bleiakku-Laderegler	16
internationale Standard-Testbedingungen	57

J

jahreszeitbezogene Neigung	70

K

Kaffeekocher	38
Kapazität eines Akkus	16
Kapazitätsverlust	38
Klimageräte	41
Kochen mit Solarstrom	38, 46
kombiniertes Laden	42
Kompressor-Kühlschränke	45
Kontroll-Voltmeter	42
kristallin	10, 24
kristalline Solarzellen	55
kristalline und amorphe (Dünnschicht-)Solarzellen	54
Kühlbox	25
Kühlbox-Verbrauch	26
Kühlen	43
Kühlgeräte	8
Kurzschlussstrom	57, 59

L

Laden mit Solarstrom	20
Laderegler	10, 11, 13
Ladestrom	10, 17, 59, 79
Ladeverhalten	21
Ladeverluste	16, 22, 79
Lebensdauer	10
Leerlaufspannung	28, 57, 58
Leistung	11, 14
Leistung ein	13
Leuchtdauer	34
Leuchtdioden	88
Leuchtstofflampen	87
Lichtmaschine	10
Lötfahnen	61
Lüften	43
Lüfter	91

M

Magnetschalter	48
Maximumwerte	57
Mikroschalter	48
Mikrowelle	41, 47
Mini-Solaranlage	36
Modellbau	31
Modellbau Akkus	21
Modelle	26
Modulenleistungen	25, 28
Modulen-Nachführungsvorrichtung	67
Modulen-Nennleistung	64
Modulen-Nennspannung	71
Modulen-Wirkungsgrad	64
monokristalline Zellen	55
Motorrädern	28

N

Nachführungs-Steuerung	67
Nachladebedarf	17, 79
Navigationssysteme	41
Negativschicht	54
Neigungswinkel	67
Nennleistung	10, 14, 57, 58, 71
Nennspannung	10, 14, 20, 57
Nennstrom	14, 57, 58
Nennwerte	57
Neonlampen	87
netzunabhängige Inselanlage	10
Netzgeräte	23
NiCd-Akkus	20, 27
NiMH-Akku	20

P

parallel	20
parallel betrieben	20
Peltier-Kühlelement	45
Photonen	55
PIR-Bewegungsschalter	34
Planungsprinzip	71
Planungsüberlegungen	80
polykristalline (multikristalline) Zellen	55
Positivschicht	54
Potentialfelder	54
Pumpen	10, 91, 92

R

Reflektionsverluste	68
Reichweite	49
Reisemobil	41
Relais	46, 49
Relaiskontakte	49
Rollstuhl-Akkus	21
Rückfahrkamera	41

S

Schiffsmotoren	30
Schnelllade-Verfahren	17
Schottky-Diode	73, 75
Schreibmaschine	41
Selbstentladung	21, 22
Sender	49
Sensoren	48
serieller und paralleler Betrieb	72
Silizium	54
Sirene	48
Solar	8, 20, 30
Solarakkus	21, 22
Solaranlagen-Berechnung	79
Solar-Außenlampen	33
Solarbatterie	16
solarbetriebene Pumpen	8
solarbetriebene Spielzeuge	26
solarbetriebenes „Wasserfahrzeug"	30

Sachverzeichnis

solarelektrische Versorgung	80
solarelektrisch	10
Solarenergie-Speicher	20
Solar-Kühlschränke	44
Solar-Laderegler	16
Solarleistung	10
Solarleuchte	33
Solarmodul am Autodach	26
Solarmodule	9, 11, 13, 24, 64, 67, 70, 72
Solarmodule für „Wasserfahrzeuge"	53
Solarprodukte	07
Solarpumpen	91
Solarspannung	10, 18
Solarstrom als Ladestrom	18
Solarstrom-Nutzung	8
Solarstromversorgung	27
Solar-Ventilatoren	91
Solarversorgung	19
Solar-Warnsysteme	88
Solarzellen	9, 54, 58
Solarzellen(module)	63
Solarzellenmodule	10
Solarzellen-Nennstrom	71
Spannung	9, 14
Spannungsregler	50
Spannungswandler	23
Speicherkapazität	20
Spektralverteilung	57
Spielzeug-Fahrzeuge	28
Springbrunnen	11
Springbrunnenpumpen	10, 92
Staubsauger	92
Streuung der Zellenparamater	57
Strom	14
Stromabnahme	15
Stromverbrauch	79
Stromversorgung	10

T

technische Daten von monokristallinen Solarzellen	62
Technische Daten von polykristallinen Solarzellen	62
Tiefentladeschutz	12, 13
tiefes Entladen	11
Timer	49
trapezförmige 230 V-Wechselspannung	23

Türglocken-Funksender	50

U

Umlaufbahn der Sonne	69
Umluftgebläse	41
Umwandlungs-Wirkungsgrad	59
Unterspannung	19

V

Ventilatoren	10, 44
Verbrauch der Akku-Kapazität	32
Verbraucher	15
Vergussmasse	76
Versorgungs-Gleichspannung	72
Videogeräte	41

W

Wartung	21
Wasser fürs Waschen	46
Wasserkocher	11, 32, 38
Wassersäulen-Höhe	92
Wechselrichter	23, 93
Wechselrichter-Wirkungsgrad	23
Wechselspannung	23
Werte bei max. Leistung	57
Wiedereinschalt-Spannungsschwelle	12
Windgeneratoren	46, 52
Wintermonate	70
Wirkungsgrad	57, 59, 60, 90
Wirkungsgrad-Höchstgrenze	64

Y

Yacht	51

Z

Zeitschalter	49
Zellenparameter	57
Zellentemperatur	57
Zeltcamp	33
Zelten	33
Zenerdiode	50
Zweitakku	13, 41
Zweitbatterie	40

Installationsmaterialien für die Photovoltaik

(S. 73) → U3

Soweit eine Photovoltaikanlage nur für eine niedrigere Spannung ausgelegt wird, die - bis zu 60 V - keinem Vorschriftszwang unterliegt, darf man für die Installations- und Montagezwecke alle nur denkbaren Elektro- oder Elektronikmaterialien beliebig einsetzen. Auf folgende wichtige Punkte sollte jedoch geachtet werden:

- Niederspannungsverbraucher haben einen wesentlich höheren Strombedarf als die gängigen Netzstrom-Geräte und die Leitungsdurchmesser müssen daher entsprechend größer sein.

- Für eine niedrigere Solarspannung sollten nicht Steckdosen oder Steckverbindungen verwendet werden, die für 230 Volt-Wechselspannungs-Installationen bestimmt sind - um einer Verwechslung vorzubeugen.

- Auch eine Niederspannung kann Brand verursachen. Als Schwachstellen sind hier vor allem schlechte (lockere) Schraubverbindungen anzusehen.

Ansonsten hat man bei derartigen Installationen dieselbe Ausführungsfreiheit wie z.B. beim Tapetenkleben.

Für **Solarstrom-Leitungen** eignen sich im Grunde genommen alle gängigen Materialien der Elektroinstallation- oder der Kfz-Technik. Der Querschnitt eines Installationsdrahtes oder Kabels sollte an die vorgesehene Stromabnahme angepaßt werden und wird in **mm²** angegeben:

Kupferdraht Querschnitt in mm² :	Ohmscher Widerstand pro 1 m Länge:	Anwendung für Leitungen:
1	0,0178 Ω	Alarmsensoren, Minigeräte, LEDs
1,5	0,0117 Ω	Zuleitungen von max. 0,5 A / 7 m lang
2,5	0,007 Ω	Zuleitungen von max. 1,2 A / 7 m lang
4	0,0045 Ω	Zuleitungen von max. 2,5 A / 7 m lang
6	0,003 Ω	Zuleitungen von max. 5 A / 7 m lang
10	0,00175 Ω	Zuleitung vom 3 A-Solarmodul
16	0,00112 Ω	Zuleitung vom 5 A-Solarmodul
25	0,0071 Ω	Zuleitung vom 10 A-Solarmodul

Diese Querschnitte gelten sowohl für Drähte, als auch für flexible Leitungen zu diversen Verbrauchern bzw. zum Solarmodul. Die angegebene Maximallänge bezieht sich auf 2-Ader-Leitungen (Kabellängen).

Tabelle Sonnenaufgang/Sonnenuntergang

Tag:	Sonnenaufgang - Sonnenuntergang:	Sonnenlichtdauer:
15. Januar	8,20 - 16,43	8 Std. 23 Min.
14. Februar	7,37 - 17,30	9 Std. 53 Min.
15. März	6,36 - 18,27	11 Std. 51 Min.
15. April	6,27 - 20,18	13 Std. 51 Min.
15. Mai	5,31 - 21,06	15 Std. 35 Min.
15. Juni	5,05 - 21,40	16 Std. 35 Min.
15. Juli	5,23 - 21,32	16 Std. 09 Min.
15. August	6,08 - 20,44	14 Std. 36 Min.
15. September	6,57 - 19,37	13 Std. 40 Min.
15. Oktober	6,46 - 17,29	10 Std. 43 Min.
15. November	7,39 - 16,33	8 Std. 54 Min.
15. Dezember	8,20 - 16,14	7 Std. 54 Min.

Sonnenscheindauer in Stunden pro Monat

Monat	Berlin	Essen	Freiburg	Görlitz	München	Schleswig	Warnemünde	Wasserkuppe
Januar	47,1	44,5	52,2	55,8	60,9	41,6	37,0	52,3
Februar	73,7	76,2	82,2	76,0	83,9	67,2	63,8	81,0
März	124,2	102,6	122,8	120,8	128,4	103,4	108,7	105,0
April	168,3	147,0	159,2	157,5	157,4	167,6	173,5	148,3
Mai	226,9	192,6	197,8	213,8	198,9	225,8	245,4	197,0
Juni	231,1	181,6	223,4	210,5	209,4	230,5	247,4	194,7
Juli	231,9	186,0	252,1	221,7	236,9	213,3	233,7	210,2
August	220,1	183,1	227,9	209,7	213,3	215,4	225,4	192,1
September	161,3	134,5	178,7	153,6	172,8	144,8	157,3	145,0
Oktober	114,4	111,1	122,2	126,8	128,7	97,8	104,8	119,4
November	54,0	55,7	68,6	57,9	69,3	50,8	52,8	55,8
Dezember	39,3	38,8	53,1	45,1	49,3	39,9	36,6	51,3